优雅永不过时

「育ちがいい人」だけが知っていること

[日] 诹内江美 著
朱悦玮 译

湖南文艺出版社 博集天卷

·长沙·

说起"有教养的人",你会联想到什么样的人呢?

- 出身名门的人?
- 家教严厉的家庭中培养长大的人?
- 礼仪规范完美的人?
- 有钱人?

前　言

"教养",可以自己改变

"我只是普通家庭出身,教养一般。"

"最近开始交往的朋友很有教养。"

"我和丈夫都没有特别好的家世和教养……能够合格通过的孩子,果然受到的教养是不一样的吧!"

这是我在担任理事的"礼仪学校(emi sunai)"进行"名校亲子礼仪教室"咨询时,最常听到学生们说的话。这些话中有一个共通的词,那就是"教养"。我可以感受到大家非常在意、憧憬"良好的教养"。

很多人认为"教养"指的是一个人出生与成长的环境,这是自己没有办法改变的,只有一部分被选中的人才能拥有,而且自己与这种充满魅力的"教养"无缘,便放弃了对"教养"的追求。

但是,如果"教养"可以后天获得呢?

很多人认为"良好的教养"只属于部分特殊的人群,但我对"教养"的认知更加简单。

所谓"教养",体现在一个人的行为举止上。

一个人是否有教养,要看他是否时刻做出正确的行为。

说得再透彻一点,一个人有没有教养,在于他"是否想了解"正确的做法。

"有教养的人"的共通点

因为工作的关系,我经常会与皇室、财经界、演艺界、上市企业等的众多业界精英和上流社会的人接触,在此过程中我有一些感受。

那就是让人感觉"有教养"的人,他们身上存在着共通点。

这个共通点就是,他们能够通过一些尚未上升到礼仪规范层面的细微行为举止和说话方式,展现出自己的风度和气质。

我本身是一位礼仪讲师,为什么现在反而去讲"尚未上升到礼仪规范层面"的教养呢?

为什么想要把只有"有教养的人才知道的事"告诉大家呢?

以下便是原因。

实际上,在报考、就业、跳槽、相亲、结婚等人生的重要场景中,"良好的教养"都是必不可少的。

报考时所需要的不是学习成绩或临时装出来的端庄姿态,而是由内而外展现出的"良好的教养"。相亲也是一样,比起样貌、年龄、职业,人们更重视的是"教养"。

比如,相亲失败的众多原因中,被提及最多的就是就餐中的行为举止:

不将买来的成品菜放到盘子里,而是直接拿着包装袋吃。

不好好用筷子,而是用手抓着吃。

用一次性筷子的包装袋做筷子架。

这些行为虽然不至于违反礼仪规范,但也是会降低自身品格和别人对自己的好感度的日常细节。

实际上,相比于规矩繁多的婚丧嫁娶仪式或拘谨的高级餐厅等非日常场景中的礼仪规范,容易被人忽略的、未上升到礼仪规范的日常行为举止更加重要。

"教养"是人人都可以掌握的东西

好不容易掌握了正确的礼仪规范,在小聚餐和大宴会上也表现完美,却在尚未上升到礼仪规范层面的小细节上不小心减分、失败、错失机会……那真的是太遗憾了。

经常会有学生问我"究竟是哪里不好呢?""应该怎么做才对呢?",其实答案就在于"教养"。

很多人以为,不出生于有教养的家庭,不在有教养的环境中长大,就无法知晓也无法掌握"良好的教养"。

但实际上,教养是人人都可以掌握的东西。

我在本书中归纳了会被人称赞"有教养"的行为举止和说话小窍门。针对"这种时候,有教养的人会怎么应对呢?"这个问题,我会通过举例来为大家解答。

"被选中的人"特别在哪里

最近我校举办的"相亲课程"非常受欢迎。这个课程会教授大家如何提升第一印象、怎样关心他人、优雅的行为举止、让人有好感的说话方式、餐桌礼仪、发型妆容等,帮助大家掌握一整套有助于步入婚姻殿堂的技能。我们以"教养"和"品格"为重点进行了授课。

结果，掌握了这些感性认识和技能的学生，有的受到了多位异性的就餐邀请。有的被交往中的爱人当作"让人感到骄傲的朋友"介绍给朋友和父母。还有经常第一次见面就失败的人，从相亲到结婚竟变得出奇地顺利……

他们都明显受到了与之前完全不同的对待。

在商业场景中也有非常多喜人的报告。

就在前几天，一个从事秘书工作将近十年的学生和我联系说："我突然涨薪了！真是没想到。"

上司和客户对她的好评也大幅度增加，她还得到了极大的信任——"如果是你的话""必须是你才可以"。自己明明没有特意拜托，客户也会帮忙介绍……有非常多的学生取得了超出想象与期待的成功。

"没想到自己可以有这么大的改变！"
"不知不觉发现自己所处的地位更高了。"
对作为老师的我来说，这就是最令人欣慰的。

"教养"一旦改变，周围的人对你的评价和对待方式就会改变，相应地，缘分会改变，交往的人会改变，最终你的人生也会发生巨大的改变。

"教养"是超越美丽的人生终极武器

正在阅读本书的你也同样，只要改变自己的"教养"，人生就会发生改变。

"良好的教养"是一旦拥有就永远不会失去，让你受益一生的财富。

"良好的教养"是超越美丽的人生终极武器。

最重要的是，无论是谁都可以从现在开始掌握这一技能。

教养可以后天习得，教养能被改变。

"教养"是自己创造出来的。

诹内江美

目录

第一章 行为举止

行为举止

1 保持微笑可以提升印象分 _002

2 即使不认识也要致以问候 _003

3 问候他人时要暂时停下脚步 _003

4 自然而然地说出关心他人的话 _004

5 优雅行礼的方法 _005

6 无论何时接、递东西都用双手 _006

7 坐着时,膝盖要收紧 _007

8 注意字迹工整 _008

9 拿笔要用三根手指 _008

10 最多只将手腕放在桌子上 _009

11 指尖整洁会更显优雅 _010

12 不要过分遮掩嘴角 _010

13 有留白的动作更显优美 _011

14 开门、关门要优雅 _011

15 从椅子上起身、坐下的优雅方法 _012

16 调整自己走路的习惯 _013

17 等候的姿态也要优雅 _014

18 "您先请"是从容的标志 _014

19 这样脱鞋子很失礼 _016

20 直率是有良好教养的表现 _017

关心

21 用完洗手台后要简单擦拭 _018

22 卫生纸不要折成三角形 _018

23 方便下一个人使用洗手间 _019

24 使用后要再次确认 _020

25 跷二郎腿时注意场合 _020

26 自然而然地调整身旁的椅子 _021

27 不要在桌子下面脱鞋 _021

28 交通 IC 卡要充好值 _022

29 超市的购物篮用完要放回原位 _022

30 开着门等待对方是优秀的表现 _023

31 乘电梯时的礼貌言行 _023

32 收起的雨伞怎么拿 _024

33 下雨天和别人擦肩而过时 _025

第二章　说话方式

措辞

34 善用缓冲词句 _028

35 注意否定的口头禅 _029

36 准确使用敬语和谦语 _029

37 重要场合应慎用流行语 _031

38 不要使用"不好意思" _032

39 怎样更好地回应别人 _033

40 被夸奖时的得体回答 _033

41 积极提出解决方法比慌张询问好 _035

电话、邮件、社交软件

42 挂电话之前要"留白" _036

43 晚上发邮件要考虑别人的感受 _037

44 不随意在社交软件上发布别人的照片 _037

45 在评论区留言要考虑别人的心情 _038

46 不要频繁炫耀家人和宠物 _040

47 冷静下来再写邮件和使用社交软件 _040

第三章 外貌

着装、时尚

48 头发和皮肤要勤于打理 _044

49 平时不易看到的地方也要保持美丽 _045

50 如有迟疑,就摘下帽子和太阳镜 _045

51 穿着打扮要符合周围的氛围 _047

52 符合自身年龄的装扮更美丽 _047

53 不推荐在膝盖上盖手帕 _048

54 无袖的衣服要准备好外套 _049

55 要根据情境来选择首饰 _049

56 即使是"只去一下",也不能松懈 _050

57 有客人突然到访也不会慌张的装扮 _051

58 睡衣也是"隐藏的时尚"_052

59 尽量不穿靴子去长辈的家里_052

60 注意鞋垫的整洁_053

61 容易被忽略的鞋后跟_053

62 能够根据不同场合选择鞋子_054

63 对鞋子的声音要保持敏感_055

64 注意褶皱、污渍、起球、开线_055

65 黑色正装是必备单品_056

66 指尖细节也要考虑到_057

67 在玄关放置一个穿衣镜_057

68 穿着打扮要有季节感_058

随身物品

69 随身携带小包_060

70 平时不要使用塑料雨伞_061

71 不要重复使用纸袋_061

72 带这些东西会让人感觉生活不细致_062

73 注意眼镜的洁净_063

第四章 生活

生活

74 享受不同季节的节日庆典_066

75 对农历要敏感_067

76 能应对突然来客_067

77 玄关也要漂亮_068

78 热爱植物_068

79 自觉分类垃圾_069

80 好东西要在日常使用_069

81 爱上做饭_070

82 尽量不吃高热量的食物_071

金钱

83 给别人钱的时候要包起来_072

84 欠别人的钱,即使不多也要立刻归还_073

85 不计较细碎的金额_073

86 过于在意积分,会让人感觉内心贫瘠_074

87 不要过于习惯让别人请客_074

88 请客的时候要利落_075

第五章　人际关系

交谈

89 第一次见面时，不要像采访一样_078

90 注意和初次见面的人之间的距离_079

91 和不太熟的人不要聊这些话题_079

92 如何优雅地躲避别人的打探_080

93 能够瞬间判断出座次_081

94 看对方时要注意的点_082

95 不参与传播谣言、坏话_082

96 对所有人都平等以待的人教养更好？_083

97 炫耀家人是很没有风度的事情_084

98 不让别人等待_084

99 让对方等待时，要告知具体信息_085

100 不要一直看表_086

101 重视眼前的人_086

102 "什么都行"是错误地为他人着想_087

103 难以开口的话，说前缓冲一下_088

104 夸奖、指正、反驳别人的时候_089

105 道歉的时候不要找借口_089

106 有品位的拒绝方式_090

107 不让对方尴尬地指出问题_091

108 别人牵线的事情，要向对方汇报后续_092

109 感谢他人的话说不出口是没有自信的表现_092

这种时候要怎么办呢？

110 想不起对方名字的时候_094

111 对方忘记了自己名字的时候_095

112 当不得不和不熟悉的人一起相处的时候_095

113 错开走路的速度_096

114 下电梯后要注意的_097

115 对方说"可以随意坐"的时候_097

116 和不太熟的人在同一家店里碰到的时候_098

117 想要催促别人还钱的时候_099

118 拒绝对方的善意时，要记得表达感谢_100

专栏　会让交往中的异性厌烦的举止_101

第六章　赠礼和招待

伴手礼

119 伴手礼的送法_106

120 选择伴手礼时要注意的点_107

121 手工制作的东西要格外注意_107

122 商业场合的伴手礼需要注意的点_108

123 把重视对方的心意传达给对方_108

124 选择对方喜欢的东西_109

125 只有孩子的聚会，要让孩子带着小礼物去_110

赠礼

126 转送一些没用的东西会让对方很失望_111

127 理所当然地感谢，你做到了吗？_112

128 感谢大家为自己聚集在此的小谢礼_112

129 哪怕是小东西也要认真回礼_113

130 回礼不要过早也不要过晚_*113*

131 回礼要回多少次？_*114*

拜访

132 关于拜访时间的常识_*115*

133 拜访时不要穿太暴露的衣服_*116*

134 拜访时必带的物品_*116*

135 拜访时，什么时间脱大衣比较好？_*117*

136 优雅的大衣整理方法_*118*

137 座次以出入口为基准_*119*

138 告辞的时候，大衣等外套应在出玄关之后再穿_*121*

招待、陪同

139 利落的陪同更能彰显品格_*122*

140 饮料如果倒得太满就会显得没有品位_*123*

141 送客要送到看不见客人的身影为止_*124*

142 家庭聚会和带东西的常识_*124*

专栏　这样的孩子一定能通过入学考试_*126*

第七章　公共场合的行为举止

买东西、试衣服

143 试穿后的衣服不要原样还回去_132

144 在试衣间里脱下来的鞋袜要摆放整齐_132

145 不买也要潇洒拒绝_133

146 可以婉拒店员的送客行为_134

剧场、美术馆

147 不带大包进美术馆_135

148 观剧时比较高雅的行为举止_135

149 中途退席的时候_136

150 观剧时一定要靠在椅背上_137

151 注意食物的声音和气味_137

旅行、乘车

152 在公共场所谈话要注意音量_138

153 在公共交通工具里可以吃东西吗？_139

154 坐不坐下来要看是否妨碍他人_139

155 关于婴儿车_140

156 侧扶手是谁的？_141

157 乘坐公共交通工具时要注意香气_141

158 香水不要喷在腰部以上的位置_142

159 优雅的上下车方法_143

酒店、旅馆

160 遵守着装要求是懂得尊重的表现_144

161 签好名后自然掉转方向还给对方_145

162 合理的要求要直接表达出来_145

163 是否给小费？_146

164 毛巾类要整理好_147

第八章 用餐方式

基本的用餐方式

165 拿筷子要用三根手指_150

166 优雅的碗筷拿法_151

167 喝汤时筷子的位置_152

168 不要舔筷子和勺子_153

169 在用餐时很容易做错的行为和正确做法_154

170 杯子、茶碗的拿法_156

171 买来的成品菜不要直接放在包装盒里吃_157

172 让人质疑教养的用餐方式_157

173 恋爱时，用餐方式不当容易成为阻碍_158

休闲餐厅就餐

174 擦手巾的使用方法_159

175 点菜要从谁开始？_160

176 吃饭的速度要与对方一致_160

177 一次性筷子的使用方法_161

178 在店里不要自己做筷子架_161

179 当别人给我们倒酒时_162

180 不能反手拿酒瓶_162

181 给别人添啤酒时，要先和对方确认_163

182 反着拿筷子不卫生_163

183 只给自己挤柠檬_164

184 吃完的东西要放在一起 _164

185 盘子不要叠放在一起 _165

186 随手帮别人整理好鞋子 _166

187 根据场合调整行为举止 _166

优雅的用餐方法

188 用餐时如果拿不准，就从左边开始 _168

189 吃面的时候不要中途咬断 _168

190 荞麦面的正确吃法 _169

191 烤串等串类食物的吃法 _170

192 注意不要在食物上留下牙印 _170

193 汉堡比较优雅的吃法 _171

194 草莓蛋糕的优雅吃法 _172

195 橘子的优雅吃法 _173

196 脆饼要在袋子里掰开后再吃 _173

197 对边走边吃的看法 _174

日料

198 在日式房间里不能光脚 _175

199 穿方便穿脱的鞋子比较好 _176

200 在比较高级的日料店，鞋子要交给对方处理 _176

201 在高级日料店需要注意的事项 _177

202 对气味保持敏感 _177

203 有教养的人不会不懂装懂 _178

204 吃好带刺的鱼可以加分 _179

205 了解拼盘类的食用顺序 _180

206 关于米饭要注意的点 _180

207 如果一口吃不下，那么分几口吃也可以 _181

208 在日料店里，什么样的盘子可以用手拿 _182

209 用手接菜绝对称不上高雅 _182

餐厅

210 不带过大的行李 _184

211 饭后才可以离席 _185

212 拍照时要说一声 _185

213 为什么在餐厅里手要放到桌子上？_186

214 刀叉的拿法 _186

215 刀叉的放法 _187

216 需要了解拿餐具的禁忌_188

217 用餐叉吃米饭时_189

218 面包什么时候吃？_189

219 正确的红酒倒法_190

220 拒绝红酒续杯的时候，用手轻扶_190

221 对声音敏感_191

222 餐巾的使用方法_191

223 菜有剩余的时候_192

224 喊服务员时要用眼神示意_192

225 别人帮忙穿大衣时，我们的手要从下面伸出来_193

226 使用银行卡结账_193

227 成熟女性能悠闲地享用甜点和聊天_194

228 在吃自助餐时，帮别人拿餐是违反礼仪规范的_194

229 先拿甜品有失格调_195

第九章 典礼

庆典

230 在正式场合毫不犹豫地穿着奢华的服饰_198

231 掌握着装感觉_*199*

参加婚礼的时候要怎么办呢?

232 去参加婚礼后，就不用送结婚礼物了吗？_*200*

233 婚宴的名帖和菜单应该带回去吗？_*200*

守夜或出席葬礼时要怎么做呢？

234 收到不太熟悉的朋友的讣告后，应该出席哪一环节？_*202*

235 守夜要穿丧服_*203*

236 注意美甲_*203*

237 按照礼仪，守夜的餐食哪怕只吃一口也一定要吃_*204*

238 出席葬礼要低调_*204*

结语

有风度、优雅、从容……

行为举止足够优雅,就能展现出"良好的教养"。

无论是公共场合、私人场合,还是商业场合……有教养的人都能根据不同的情况做出相应的行为举止。

能够展现风度和优雅的行为举止

☑ 姿态优美

☐ 结合礼仪规范和自身立场行事

☐ 重视眼前的人

☐ 不取巧

☐ 有为对方和周围其他人考虑的从容

☐ 理所当然的事情理所当然地对待

第一章 行为举止

行为举止

1
保持微笑可以提升印象分

你有没有注意过自己平时的表情？

有教养的人，他们的表情都有一个特征，那就是保持自然的微笑。在我的礼仪学校中，有些学生有一种烦恼，那就是只能做出"笑"或"严肃"这两种表情，做不出介于两者之间的"微笑"表情。

不会微笑的人缺乏表情变化，即使在和对方讲话时，也无法让对方感知你是否在认真听，或者是否在享受聊天。这会让对方感觉不安，可能还会产生"自己被讨厌了"的误解。

照顾对方的感受，时刻保持微笑，这是人际交往中最低限度地为他人着想。我的学生们通过时刻保持嘴角上扬进行表情训练,成功地提升了他人对自己的印象分。

2
即使不认识也要致以问候

在自家所在的公寓楼或办公楼的大堂、电梯等地方,你有时会与不认识的人共在一处。这种时候,不要无视对方,可以眼神致意或点头问候,如此的话,一天的心情都会很好。即使遇见的是只见过一次的人,哪怕只是一瞬间能够做到自然地问候,也能让人感受到你有良好的教养。

3
问候他人时要暂时停下脚步

名校亲子礼仪教室的一些小学生,在问候时会停下动作，面朝我这边认真地行礼。每当这种时候，我都会觉得"这是一个在家人都很有教养的家庭中长大的孩子"，因为我能感受到他们对眼前人的重视。

在和别人打招呼时，如果边脱鞋边问好，或是面朝电脑不看人、边走边问好……就会给人留下粗鲁的印象。即使是很短的时间，也要好好地直视对方进行问候。另外，如果面对比自己地位低的人，也能在日常生活中做到主动问候，那就更能展现出有教养的一面了。

4
自然而然地说出关心他人的话

从以下这些话，可以看出一个人具备基本的礼仪规范，对他人充满敬意。

- 站在台上时说："站得这么高和您说话，非常抱歉。"
- 坐着不能立刻起身时说："坐着和您说话，非常抱歉。"
- 因为一些特殊情况需要戴口罩时说："戴着口罩和您说

话，非常抱歉。"
- 因为一些特殊情况不能脱下外衣或摘下某些配饰时说："戴着太阳镜（戴着帽子、穿着大衣）和您说话，非常抱歉。"

5
优雅行礼的方法

在我的礼仪学校中，有很多学生不知道如何行礼才能显得有教养。有时候自己觉得已经做得很好了，但实际上行礼过于随意，无法表达诚意；或者行礼太过正式，不符合场合；头抬得太粗鲁，给人的整体感觉不够从容，没有做到张弛有度……

最基础的行礼方法，是在与对方眼神接触之后，挺直后背，从腰部而不是脖子开始将身体向前倾斜30度。

如果是更日常的问候，则可以从腰部开始将身体向前倾斜15度。

因为这是非常日常的行为，所以希望大家可以自行确认一下自己的习惯。

6
无论何时接、递东西都用双手

这是一个礼仪常识，但是你有没有在从别人手里接过东西或是递给别人东西时，一不注意就用单手了呢？即使是隔着桌子不方便用双手的情况，也要尽量用双手，直到手够不到。通过这样的动作，可以传达出你对对方和物品的重视。

另外，在递给别人钢笔或剪刀等物品时，要注意把尖锐的一面朝向自己。这一点，大人在我们小时候应该都教导过我们。你自然而然地做到了吗？请试着回想一下自己日常递东西给别人的时候有没有用双手，以及注意物品的朝向吧！

7
坐着时，膝盖要收紧

手指、腿、腋下等部位留有缝隙，会显得比较男性化或是显得不文雅。手指并拢，收紧腋下，手臂贴近身体，会显得更女性化、更优雅。腿也同样，最理想的状态是收紧膝盖，两腿间不留缝隙。

坐着的时候，短时间内，大多数人都能注意收紧膝盖。

但如果遇到了紧急状况呢？比如，在办公室里捡从桌子上掉落的文件时。哪怕只是一瞬间，膝盖有没有分开呢？即使是突发情况，在做动作时也能收紧膝盖，这是有教养的女性的必备条件。

前几天，我参加了一个售卖高级商品的沙龙举办的领导进修活动，会场上有来自全国各地总店、分店的员工。因为有我这样一个严肃的讲师在（笑），大家都有点紧张。一眼望去，很多人挺直了上半身，看上去非常优雅，但是膝盖之间都留有缝隙。也可能大家本是想要收紧的，但是哪怕分开1厘米，都会拉低整个人的风度。所以一定要收紧膝盖，不留缝隙！

8 注意字迹工整

字写得漂亮，就会给人一种"有教养"的印象。现在许多幼儿园、小学的入学申请书都是手写的！正所谓"字如其人"。即便是对自己的字没有信心，也要注意书写工整。

9 拿笔要用三根手指

很多人拿铅笔和钢笔的姿势都不正确。大部分人拿笔的时候大拇指突出，这样就无法顺畅地运笔，字看起来也不好看，甚至还会让人质疑你的教养。

拿钢笔的时候，主要使用拇指、食指、中指这三根指头，无名指和小拇指只是虚虚地支撑一下。到这里，或许大多数人都做到了，但其实很多人大拇指的位置是不对的。

大拇指有没有偏向食指的第一关节或第二关节呢？

为了在酒店、餐厅或是时装店签名时不被人质疑"究竟用这种姿势写了几年还是几十年"，请现在就开始改正吧。

10
最多只将手腕放在桌子上

在餐桌上，基本上只有从指尖到手腕为止的部位可以放在桌子上。另外，在商务场合，将双手放在桌子上可以展现出认真聆听的姿态，但此时要注意，最多只将手腕放在桌子上。

这一点微小的位置差异，可以在很大程度上影响整体的好感度，所以一定要格外注意。女性将双手轻轻搭在一起，手腕弯曲45度，姿态看起来非常优雅。

11
指尖整洁会更显优雅

能够精致到指尖的人，看起来也会更加优雅，会给人一种日常生活也非常认真仔细的印象。

人的手指尖比想象中更加吸引别人的眼球，它可以左右一个人的整体印象，所以希望大家注意指甲的清洁度和美甲的美观程度，对肉刺的护理也不能懈怠。

12
不要过分遮掩嘴角

不知道是不是因为被人看到嘴角会感觉害羞，有些人会在笑的时候、说话的时候、吃东西的时候频繁地遮掩自己的嘴角。这是对优雅的一种误解。特别是在国外，这样会显得非常不自然，一定要注意。

13
有留白的动作更显优美

- 行礼时要缓缓地抬头。
- 电话要空两拍再挂断。
- 筷子拿起或放下时要用三根手指(参考第151页)。
- 用一次性筷子时,要像打开扇子一样慢慢掰开(参考第161页)。
- 物品或文件要慢慢转到对方方便的方向再递过去。

14
开门、关门要优雅

"啪嗒"一声单手开门、关门的动作,很难展现出优雅。一只手扶住门把手,另一只手轻轻地搭在上面,这样的动作更具女性的优雅美。即使手里拿着东西,没办法够到门把手,也要有这个搭上去的动作。有这种意识就可以展现出自己的礼仪。

15
从椅子上起身、坐下的优雅方法

像口头禅一样,一边说着"嘿呀",一边用手撑着座椅起身,或是把手放到膝盖附近,像行大礼一样身体前倾起身,你是否做过这样的动作呢?这样的动作一点也不利落、不优雅。

这样不仅无法体现出良好的教养,还会让人觉得你很疲惫,衰老。

坐下、起身时,要尽可能地挺直后背,缓慢优雅地行动。双脚前后交叉站立,重心会更稳定。用手按压裙边坐下的时候,也要注意上半身尽量不要向前倾。

16
调整自己走路的习惯

我的礼仪教室的学生中有很多人对我说:"听脚步声就知道是你来了!"就像通过剪影就能知道是谁一样,每个人都有自己的走路特征和习惯。但是,其他人是不会把缺点告诉我们的。趁此机会,确认一下自己的走路方式和走路声吧。

就算不能立刻改正,了解自己的习惯也非常重要。

走路的时候,希望大家首先要注意的一点就是姿势。要点是站立时耳朵、肩膀、脚踝要呈一条直线,保持上半身的姿态,走动的时候让脚跟先着地。走路的姿态和方式是决定别人对你第一印象的关键,所以一定不要轻视。

17
等候的姿态也要优雅

你在碰头地点等候的姿态优雅吗?

等待的时候,驼背玩手机的姿态会让人非常失望,为了放松而把脚伸到旁边的习惯也需要改正。双脚不要左右分开,前后稍微交错就会显得十分优雅。

18
"您先请"是从容的标志

有一天,我时间要来不及了,在我走到一条很窄的路上时,迎面走来一位牵着小狗散步的夫人。正当我在头脑中盘算从左边还是右边过去更合理时,那位夫人直接停了下来,一边微笑,一边对我说"您先请",给我让出了道路。那一瞬间,我稍稍反省了一下自己,就算是我先让,其实也花费不了几秒钟。希望今后无论在什么样的时刻,我们

正确的脱鞋方法

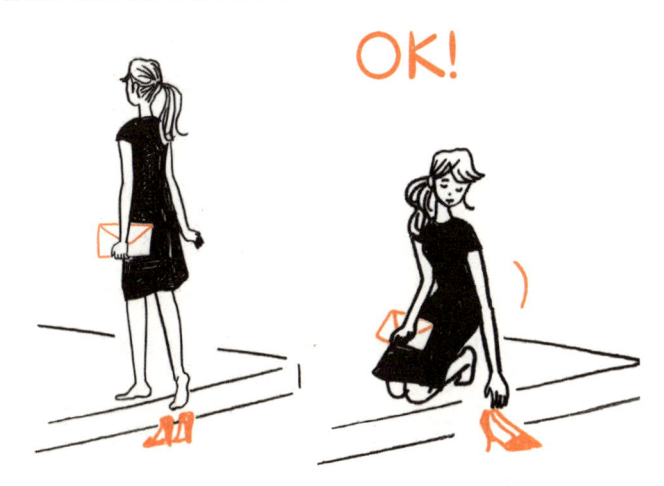

NO!

OK!

都能够保持内心的从容。

19
这样脱鞋子很失礼

从上门拜访时怎么脱鞋就可以看出一个人的教养。

你有没有背转身体脱鞋,然后直接进门的时候呢?如果在重要场合做出这种违反礼仪规范的行为,就会明显拉低你的教养分。

正确的方法应该是面朝房间内部脱掉鞋子,然后迈上玄关,再转过身弯曲膝盖蹲下,将鞋子旋转180度放到角落里。

因为觉得整理鞋子麻烦,所以直接背朝屋内脱鞋进门,这样就跳过了"面朝房间内部脱鞋""转身"这两个步骤,显得非常粗鲁、失礼。将这些动作拆分开,认真做好每一步,这样在男朋友家或婆家、日料店的玄关等地方就不会尴尬了。

20
直率是有良好教养的表现

"你真有教养""你家教真好",我认为能够得到这些评价的人,大多性格非常直率。这些得到夸奖的人往往能够从心底夸奖别人、感谢别人、为别人的喜悦而感到高兴,在羡慕的时候也可以坦率地表达"真好,好羡慕啊!""太棒了!我也想要啊!"等心情。

不能坦率地夸奖别人可能是因为没有自信。对自己的生活方式或技能有信心的人会更加从容,更加直率地赞赏他人。

关心

21
用完洗手台后要简单擦拭

洗手台上如果留有水渍或是头发，就会显得不干净。用完之后随手一擦，这样下一个人就可以舒心地使用。

这几秒钟的为他人着想之心，就能展现出你的教养和生活态度。

22
卫生纸不要折成三角形

还有一个需要注意的地方，那就是有些人会把卫生纸的边缘折成三角形，这可能是出于方便下一个人使用的考虑。但是这样反而不卫生，是一种错误的为他人着想的方式。

折成三角形的卫生纸是"卫生打扫已完成"的标志。除非是保洁人员，否则这样做会显得很奇怪，甚至可能会让人怀疑你的品行。

23
方便下一个人使用洗手间

- 盖上马桶盖。
- 卫生纸撕口整齐。
- 关灯。
- 拖鞋摆放整齐并放回原位。
- 做最后确认。

24
使用后要再次确认

对于卫生间、洗手台、浴室等涉及用水的地方,在用完离开时都要再次确认是否恢复到了原来的状态。

能否干净地使用这些地方,会如实地体现你的教养和品格。

25
跷二郎腿时注意场合

在欧美等外资企业,即使是在公共场合跷二郎腿或倚靠在椅子上也不会让人觉得奇怪,有的人还会用笔指别人。

但是,在上司或长辈面前做出这些行为是不可以的。

在商务场合或其他公共场合,与同辈、上级、客户、委托方等不同的人同席时,能瞬间控制自己的姿势和行为,这才是优秀的人。

26
自然而然地调整身旁的椅子

在会议或集会结束之后,能够自然而然地将那些散乱的椅子调整好的人,更能让人感受到良好的教养。

只需调整自己身旁的椅子或者边走边调整即可,摆正后,自己的心情也会变好。

27
不要在桌子下面脱鞋

在咖啡厅、餐厅里,以及电车上,我们经常会看到有些人把鞋的后跟脱下一半。本人可能觉得"只是脱下一点点……",看到的人却会非常在意。

希望大家能够认识到,即使是身体末端的动作,做不好也会给人留下非常邋遢的印象。

28
交通 IC 卡要充好值

走到检票口才发现"哎呀！交通卡余额不足了"，然后慌忙地跑到购票机上去充值，让同行的人等待。如果频繁地出现这种情况，就会给人留下安排不周、非常邋遢的印象。你周围有这样的人吗？希望大家在日常生活中注意这一点，不要让同行的人等自己，也不要给后面排队的人添麻烦。

29
超市的购物篮用完要放回原位

有时候，我们会看到有些人把超市的购物篮直接扔在操作台上不管，或者不好好地叠放，放歪了也不摆正就直接离开。用过的东西要整理好，连这种最基本的事情都做不到，就会给人留下生活散漫的印象。

30
开着门等待对方是优秀的表现

在百货商店的入口或办公楼的大门等地方为身后的人开着门是欧美人习以为常的举动。但遗憾的是，在日本，能够这么做的人非常少。在上下楼梯或乘坐电车时，主动为携带婴儿车的人提供帮助的人，我感觉也比其他国家的要少。在这些场景中，如果能够毫不犹豫地出手帮忙，无论是男性还是女性，都会给人留下很有教养的印象。

可能有些人不想太显眼，不想被关注，或者害羞，但还是希望大家不要装作没看见，而是做一个能够自然而然地为他人提供帮助的人吧！

31
乘电梯时的礼貌言行

我觉得在自己所住的公寓楼的电梯中遇到其他住户时，

说一句"早上好"或"你好"这种程度的问候，大家都能做到。不过，有教养的人会更进一步。

有人进入电梯的时候，询问对方到几楼，并帮助对方按下楼层键；让他人先下或是用手势请对方先下；如果是晚上，在下电梯的时候说"晚安"……和能够自然而然做到这些的人相处，幸福感就会提升。

32
收起的雨伞怎么拿

收起雨伞后的拿法也非常需要注意。我们经常会把雨伞的手柄挂在手腕上，这时候一定要确认好雨伞手柄的朝向。如果把手柄从手腕的内侧向外挂的话，就会朝向他人，所以一定要从外侧向内挂。虽然这是非常小的细节，也希望大家不要忘记。

33
下雨天和别人擦肩而过时

打着伞行走在窄路上时，与迎面而来的人交错时，将雨伞向外侧（与对方相反的一侧）倾斜以免碰到对方，这个动作叫作"侧伞"。虽然这是理所当然的一种关心他人的行为，但偶尔遇到不这么做的人，就会感觉非常不愉快。尤其是在阴郁的下雨天，希望大家都能有为对方着想的心。

无意间说的话、突然之间的发言,都会体现一个人的教养。

无论是庄重的场合还是随意的场合,都能展现出风度、温婉和知性的说话方式又是什么样的呢?

语言是映射教养的镜子。

让我们来回想一下自己的说话方式吧。

传递出风度和知性的说话方式

☑ 措辞优雅

☐ 了解正确的敬语

☐ 距离感让人感觉舒适

☐ 觉察对方的需求并选择恰当的话语

☐ 注意不让别人尴尬

☐ 可以考量场合、时间以及对方的情况

第二章

说话方式

措辞

34 善用缓冲词句

我感觉能够正确使用缓冲词句的人很少。在拜托对方、拒绝对方、询问对方时，如果直接说，可能会给人留下比较刻薄的印象。这种时候如果能够在前面加上缓冲词句，就可以更柔和地表达。

对于一些不太好说出口的事情，为了能够让对方痛快地答应，可以加上"实在很惶恐""失礼了""对不起""非常抱歉"等缓冲词句。

除此之外，还可以加上"如果方便的话""如果不打扰您的话""虽然知道这样有点失礼"等来提高缓冲词句的丰富度。

词汇的多样性能让人感受到良好的教养。

35 注意否定的口头禅

无论是谁都会有口头禅。我的学生中也有好几个人说话时总会先从否定切入。其实他们并不是想要否定，只是"不是""不对"等已经成为口头禅。

如果频繁使用口头禅，自己也会感觉到"又说了，已经说五遍了"。这样会拉低整个人的格调，所以必须注意。

可以把自己的话录下来听一听，也可以请身边的人或家人提提意见，来确认一下自己的口头禅。

36 准确使用敬语和谦语

"到咨询处打听吧！"当听到这样的话时，我会感觉非常遗憾。"打听"是谦语，是谦逊的表现，所以不能用在别人身上。正确的说法应该是："能烦请您到问询处询问一下吗？"

"吃饭""用餐"等词汇的正确使用者也很少。两个词都是礼貌的说法，但我经常会听到"您先生在家吃饭吗？"这样的问话。"吃饭"是谦语，这时的正确做法应该是使用表示尊重对方的"用餐"。然而，实际上有很多人会像这样分不清谦语和敬语而乱用。

如果能够正确使用很多人容易用错的敬语，就会让人感受到良好的教养。希望大家作为成年人都能培养自身对于敬语的敏感度，在别人使用错误的敬语时能够立刻觉察到不对。

【容易用错的】

- 说

  × 就像你刚才讲的。

  ○ 正如您所说的那样。

- 去

  × 明天你也去吗？

○ 明天您也会莅临吗？

- 在

× × 呢？

○ × 先生在吗？

- 听

× 那件事听说了吗？

○ 那件事您已经有所耳闻了吗？

- 对上级不能使用的表达

× 辛苦了。

△ 您辛苦了。

注意：慰劳上级的话本身就比较失礼。

37

重要场合应慎用流行语

平时用习惯了的词句，在重要场合中也很容易不小心就说出来。比如在第一次和男朋友的父母见面时说："真的假的？""不行！""完蛋了。""巨高兴！""知道了啦！"，对方大概会感觉怪怪的吧。

请务必记住，从遣词造句便能看出一个人的教养和品格。

那些在电视上活跃的主播，即便在私下里似乎也会特别注意措辞，因为在直播或发生意外事件时很容易展现出真实的自己。

希望大家学习他们的态度，在日常对话中就选用优美的词句。

38
不要使用"不好意思"

"不好意思"是一个极为方便的词，可以表达谢罪、拜托、感谢等，因而可被理解为任何意思，是一个极为暧昧的词。但如此一来可能就无法准确传达自己的心情，也会给对方一种欠缺礼貌的印象。

如果表达感谢，就说"谢谢您了"；如果表达拜托，就说"拜托您了"；如果表达谢罪，就说"实在抱歉"。请使用这些能够准确表达感情的词汇吧。

39
怎样更好地回应别人

在对话中，附和对方或点头认同可以更好地展现出与对方产生了共鸣，从而给对方留下更好的印象。但是，有时候过于频繁的附和或点头反而会起到反效果。

如果快于对方说话的节奏，频繁地附和"对对对"，即使本意不是这样，也会传递给对方一种"没有兴趣""这种事我早就知道了""想要早点结束"的感觉。因此，一定要注意回应的频率。

40
被夸奖时的得体回答

时下越来越多的人在被夸奖时不过分谦虚，而是直接回答"谢谢"。坦诚接受别人的夸奖是好事，但如果总是只说"谢谢",也会被一些人质疑。这种情况下,掌握好尺度比较难,希望大家可以根据与夸奖者之间的关系和夸奖的频率来选择措辞。

对方如果是上级或是长辈,可以回复"谢谢,这是第一次有人这么夸我。""您能这么说,我就有自信了!""我感受到了很大的鼓励!",这样在表达高兴心情的同时,还加入了一些对对方的尊敬,对方也会比较高兴。

像这样能够觉察到对方感受的人,会被认为是"懂事理的人"。希望大家都能成为让身边的人觉得值得夸奖的优秀的人。

41
积极提出解决方法比慌张询问好

在餐厅,如果朋友弄洒了饮料,你会怎么应对呢?大多数人可能会说:"没事吧?"

同样是"没事",我们不要慌慌张张地询问"没事吧?",而是要用沉着的语气说"啊,没事的,用这张餐巾纸擦一下""没事的,我向店家要一块擦手巾"。这样会给对方带来安心感。

遇到这种突发事件时,有些人会惊慌失措或大吵大闹将事态扩大,但希望大家尽量平复事态,不要让对方感觉尴尬。

然后,要比对方更快一步向店家道歉或道谢。

电话、邮件、社交软件

42
挂电话之前要"留白"

我在日常生活中比较重视的礼仪包括"留白"。

有留白的举止更显优雅。但很遗憾的是,在打电话的时候,很多人都会直接挂断电话。

希望大家哪怕在很紧急的时候,也能在挂断电话前加上一句"我这边有点赶时间,所以请允许我先挂断电话了"。

43
晚上发邮件要考虑别人的感受

一般来说,可以给他人打电话的时间是上午9点到晚上9点之间。但是,最近的交流方式大多已经从电话变成了邮件和社交软件,因此我们很容易忽视对方是否方便,以为几点都可以发信息。如果是讲究礼节的人,便会加上一句"这么晚打扰您,抱歉了"或"休息的日子打扰您,抱歉了"。这不经意的一句话,就能够展现出你的品德。

44
不随意在社交软件上发布别人的照片

最近大家常提到的问题是,不知道什么时候自己的照片被上传到了社交软件上。如果照片拍得不满意,也是一件令人困扰的事情。涉及个人信息的,如谁在何时何地做了什么,必须提前征得本人的同意再发布,因为这些信息可能会被瞬间传播。

如果不能细心注意别人的隐私问题,就会被质疑没有教养,所以一定要留意。

45
在评论区留言要考虑别人的心情

在社交软件的留言区,我经常看到一些煞风景的评论。比如,过了好几天才在生日祝贺的留言区发一句"抱歉祝福晚了!生日快乐!",或者在庆祝活动或研讨会的通知下面发一句"很抱歉,因为当天有工作安排,所以这次不能参加了,希望下次可以有机会参加",等等。

乍一看,似乎这些人认真地写了道歉文字,但对当事人来说,有时却会很困扰。而且这些留言也会给其他人留下不重视对方的印象,比如"会忘记别人生日的人""缺席这种事还要特意公开的人"。把不能出席这件事特意公开讲出来本身也是非常失礼的。

表达迟到的歉意和关于缺席的联络,都不是需要特别公开的事情,可以选择发送私信进行联络。

下周的生日宴会，方便的话过来呀！
已读
抱歉！我那天有非常重要的安排！
Happy Birthday
我也很想去，但是确实有事，抱歉！

46
不要频繁炫耀家人和宠物

如果是商业性质的内容，目的是告诉大家自己公司的产品和服务优良，便尽管自我宣传、自我夸赞，就算是被称作"现充"（现实生活充实的人，网络用语）也完全没有问题。但是私人的内容如果也这样发布的话，就很容易给人留下不太好的印象。为了让别人夸赞"真可爱啊""真幸福啊"，频繁地炫耀宠物、炫耀孩子，都会显得很奇怪，可能还会让人感觉没有素养。

47
冷静下来再写邮件和使用社交软件

在写邮件和在社交软件上发评论时，一定要牢记以下两点：这些文字会一直留存，并且传播速度非常快；特别是在表达抗议或投诉时，一定要先冷静下来。

在情绪激动时，可能无法保持正常的精神状态，甚至会显得过于具有攻击性。因此，应该尽量控制自己，等到第二天再写。冷静下来后，尽量不掺杂个人感情，如实陈述自己的观点，或者选择在社交软件以外的地方表达自己的想法。

行事不要冲动，要控制自己的情绪，或者干脆不要为此浪费自己宝贵的时间。希望大家都能有这种聪明取舍的从容。

根据不同的情景合理选择、搭配服饰，这是"良好的教养"的体现。

并且，无论何时都不偷懒，打理得非常细致。

平时遮盖起来的部分不经意间被别人看到时，才会体现出真正的美丽。

让人感觉"有教养"的外貌

☑ 比起时尚，更注重漂亮、潇洒

☐ 一切都非常有洁净感

☐ 注意细节

☐ 不要忽视别人看不见的部分

☐ 融入不同的场合

☐ 根据情境选择着装打扮

第三章

外貌

着装、时尚

48
头发和皮肤要勤于打理

头发和皮肤都不是一朝一夕就能变美的。如果总是赶时间,就容易忽视规律的生活作息,睡眠和饮食容易出现紊乱。哪怕是几分钟也好,请试着留出从容打理自己的时间。

我所重视的礼仪包含"从容"。希望大家无论何时都不要忽视从容感,保持优雅的外在和素养。

49
平时不易看到的地方也要保持美丽

你好好保养你的手肘、膝盖、脚后跟了吗?

无论妆容如何美丽,如果在看不见的地方偷懒,就称不上是真正优雅的女性。

我曾见到过妆容和时尚感都完美无缺的女性,但是从她的凉鞋处瞥见她的脚后跟干燥开裂,这让我非常震惊。在意想不到的地方出现了漏洞……真是非常可惜。我觉得正是在这种平时隐藏起来的部分无意中露出来的时候,才会展现出一个人的日常生活和教养。

50
如有迟疑,就摘下帽子和太阳镜

有人问过我这样的问题:"在室内是否应该摘下帽子?"

按照女士帽子的准则,它是作为头发的装饰品来看的,所以只要不是大帽檐的帽子,在餐厅就可以不用摘下来(当然,明显是遮阳、防寒作用的草帽和针织帽是不行的)。

但是,很多人对此可能不太接受。在对方提出疑问之前,即使没有违反礼仪规范,也能够做出脱帽的判断才是良好的教养。

也就是说,不要让同席的人感到不舒服。

不要一味地按照礼仪规范行事,而是要根据不同的情况灵活应对,希望大家都能掌握这种"大局观"。如果因为个人原因不方便摘帽子,则应加上一句"抱歉,戴着帽子和您对话"。

另外,在商务场合中,无法预知会遇到什么人,也可能会和上司或客户搭乘同一电梯。因此,在进入办公楼之前就应将帽子、太阳镜、耳机等物品全部摘下来。当你感到犹豫不决时,最好的选择就是摘下来。

51
穿着打扮要符合周围的氛围

服装选择举棋不定时,就要先思考自己在这个场合中是主角还是配角,要依据自己的立场来考量。尤其在商务场合,服装过于暴露或是过于休闲,都是不合格的。

能够在保有个性的同时融入周遭氛围,做出符合公司方针的装扮,这才是有大局观的女性。

52
符合自身年龄的装扮更美丽

能够不追逐流行,而是选择符合自身个性的服饰,这样的人是极为优秀的。然而,在正式场合则不可如此。

比如对自己的腿有自信的人会穿迷你短裙,或是露肤度较高的服饰,这一点尤其需要注意。倘若穿着打扮与年龄差距过大,有时反倒会更显老。能够在保留自身个性的同时，选择不过于显眼的服饰，方能成为受人敬重的人。

53
不推荐在膝盖上盖手帕

在休闲场合可以穿着随意，但在正式或较为庄重的场合，融入周围的氛围才是正确的做法。能够根据情境进行着装打扮的人，更能让周围的人感受到你良好的教养。

以前在开会时，有一位同席的女性穿着非常短的迷你裙来参加。她坐到沙发上后，拿出手帕放在了自己的膝盖上。

乍一看，好像会让人感觉有"女人味"，但这其实非常不协调。因为这样的话，开会途中大家就非常容易盯着手帕看。反而会产生"就那么想要穿这么短的裙子吗？"的想法，从而对她留下不好的印象。我觉得这就非常遗憾了。

54
无袖的衣服要准备好外套

夏天的无袖衫是非常能够凸显女性魅力的服饰,作为时尚单品很受欢迎。我自己也很喜欢无袖衫。但是,与长辈见面时,如果穿的是无袖衫,就应该披上外套。

在商业场合,有时会突然出现计划之外的会议和聚餐。为了在这种情况下不惊慌失措,需要事先准备好外套。

如果是在公司上班,希望大家可以在公司的柜子里常备一件米色或黑色的百搭衣服。能够预想到各种不同的状况,这才是成熟女性的表现。

55
要根据情境来选择首饰

在商业场合,如果戴了会摇晃的耳环或非常大的耳环,即使在开会,也很容易吸引旁人的视线。因此,在选择首饰时，不应只关注时尚，而应选择与周围氛围相符的首饰。

脚链、能量石等也会非常吸引别人的视线，甚至可能让对方产生不舒服的感觉，需要特别注意。

56
即使是"只去一下"，也不能松懈

经常能够看到一些穿着制服的公司女职员，在午餐时间披着针织衫，夹着零钱包，小跑着冲向店里的情景。她们穿的鞋子基本上是公司用的拖鞋，可能是因为她们觉得去吃午餐的店非常近，但这样的装扮还是让我感到有些无法理解。

即使是离得很近，即使是只有1个小时的午休时间，外面就是外面。拿好包，把公司用的拖鞋换成日常的鞋子，有这种从容感的女性，你不觉得十分优秀吗？考虑到餐厅的档次或是有可能会遇到客户，就更要注意仪态。即使是"只去一下"，也不能松懈，要认真地装扮好。

57
有客人突然到访也不会慌张的装扮

如果突然有快递上门了，你会以什么样的状态去开门呢？回答"睡衣就行吧"的女性，不能被称为有良好的教养吧？

像是天灾、火灾等，不知道什么时候会发生什么事。在发生意外需要急忙冲出家门的时候，如果着装不当被人看到也会很尴尬。

希望大家在日常生活中整理好自己的着装，这样至少在附近遇到认识的人时，可以主动打招呼。无论遇见谁都不会尴尬，能够做到这种程度的人才称得上"有从容感的人"。

58
睡衣也是"隐藏的时尚"

睡衣也被称为"隐藏的时尚"。

我们不知道什么时候会因为突发疾病或意外事故被救护车送去医院,所以要时刻注意自己的内衣和睡衣,这样万一被送到医院也不会尴尬。

59
尽量不穿靴子去长辈的家里

如果事先知道要去"男朋友的父母家"或其他需要脱鞋的场合,那么就应该尽量避免穿靴子。礼仪学校也会教授学生一些优雅的靴子穿脱方法,但这是非常难的。如果在玄关处磨磨蹭蹭浪费时间,就会让同行的人等待,姿势也不好看,所以尽量选择一些方便穿脱的鞋子吧。

能够根据不同场合选择装扮的女性,会给人留下体贴他人的印象。去美容院时不穿高领衫，去户外或烧烤时不穿高跟鞋等，穿着能够让同行者感觉自在的服装，这种关怀非常重要。

60
注意鞋垫的整洁

或许大家想象不到，其实你脱下的鞋子可能会被很多人看到。

你的鞋垫是否陈旧、肮脏呢？

从脱下的鞋子上，也能窥探到你的教养，请务必牢记这一点。

61
容易被忽略的鞋后跟

生活细致、真正时尚的人都会注意细节。要特别注意的一点是鞋跟的整洁。鞋尖很容易看到，但鞋子的后侧是自己很难注意到的部分。有时候在不经意间，鞋跟可能会磨损或皮革翻裂。希望大家能够在被别人指出问题之前，自己先注意到。

62
能够根据不同场合选择鞋子

鞋子的选择也要参考情境。如果是休闲的场合，穿平底的鞋子也无所谓。但如果是正式的场合，就至少要选择跟高5厘米的鞋子。如果是宴会等想要展现女性的优雅感的场合，比较推荐的是跟高7～8厘米的鞋子，这样会让女性的腿看起来最美。有时候，不高不矮的鞋跟会显得比较土气。

但是，如果参加葬礼时穿着太高的鞋子，就会让人质疑你的品性。希望大家都能做到精准判断，分清时尚的场合和庄严的场合。

63
对鞋子的声音要保持敏感

下楼梯时咔咔咔的声音、走在走廊上哐哐哐的声音……鞋跟的声音会让人非常在意。比如今天必须在一个大型会议上分发资料,或者今天要去美术馆等,在这些对声音比较敏感的日子,就要认真地挑选鞋子。

64
注意褶皱、污渍、起球、开线

无论穿着多么名贵的品牌服饰,只要出现了褶皱、污渍、起球就都完蛋了。就算是刚刚洗完,也会给人一种邋遢感。

衬衣要仔细熨烫好,一点褶皱都不能有,这样才会让人感觉你是一个干净且有良好的教养的人。希望大家不要觉得麻烦,一定要认真熨烫。

还有一点是自己可能不太容易注意到的，那就是裙子的下摆开线。希望大家每天都能360度做好检查。

如果每次离开家门时间都很紧迫，就没有检查的机会了。所以出门前要留出充足的时间来确认装扮，这样才能打造出有教养的女性的形象。

65
黑色正装是必备单品

成熟女性一定要拥有的单品就是正式的黑色连衣裙或外套。应对不同季节备好相应的服饰是成年人的必修课。

正式场合的服装，要选择丝绸或羊毛等高级材质。即使是高级的羊绒，针织衫也不适合在正式、庄重的场合穿。棉麻材质也是这样。我非常喜欢棉麻的材质，但是考虑到它容易出褶皱的特性，我一般不会选择在重要的场合穿。

可以说，从根据情境选择最合适的装扮的能力（识别能力、感觉能力）就能够看出一个人的教养。

66
指尖细节也要考虑到

优美整齐和时尚是两回事。

无论是多么漂亮的美甲,它适合你所处的商业场合吗?用手指翻文件的时候,递茶的时候,原本是配角的美甲就会喧宾夺主地吸引目光,对一个商业人士来说,这是不合格的。

让我们培养出能够考虑到指尖细节的能力吧。

67
在玄关放置一个穿衣镜

你的玄关有能看到全身的穿衣镜吗?大家有没有这种经验呢?"啊!今天的鞋子和衣服不搭配。这条裙子的长度也不合适。"出门后才发现,然后后悔。

一定要穿上鞋子后再做服装确认。希望大家可以360

度确认整体的平衡感和细节。

裙子的下摆有没有开线,衬衫有没有褶皱,鞋跟是否干净,背影也要仔细确认。有一些细节是不照镜子就发现不了的,将这些细节都确认好之后再出门吧。

68
穿着打扮要有季节感

符合季节的装扮,不仅能够展现出时尚感,还能让人感受到对美好的四季和自然的感恩之心,会让人不禁驻足欣赏。

如果能够略微早于这个季节最盛的时期就开始引入季节感的元素,便会显得更潇洒。例如,进入9月之后尽量避免穿白色,不再是一副盛夏的装扮。在夏末较热的时候,可以选择卡其色、波尔多色、芥末色等深色系,并搭配符合气温的清凉材质,享受秋日的时尚。

东方人自古以来都很重视提前引入季节感。无论是何种类型的服装,重视季节感的人都会给人一种生活非常精致的印象。

能够尊重四季之美,保有享受四季的从容,才是良好的教养吧!

随身物品

69
随身携带小包

在餐厅和婚礼仪式等正式场合携带手包是女性的一种修养。观察欧洲皇室和日本皇室的女性装扮,就会发现她们在公开场合经常拿着一个小包。

女性不能空手,但带着工作用的大包去餐厅也是不合适的,因为这会破坏场所的优雅氛围,应尽量避免。

"突然要和客户去吃饭""男朋友突然约我去高级餐厅",考虑到可能会出现这些情况,这时一定要把携带的大包放到置物柜里,进店时要携带小包。

为了在接到紧急邀约时不慌张,可以提前在托特包里装一个轻便的小包,这样会更安心。

70
平时不要使用塑料雨伞

平时使用塑料雨伞的女性,很难让人感受到她对生活的重视和良好的教养。当然,突然下雨的情况不算在内。为了应对此类情况,最好随身携带一把折叠雨伞。

经常能够见到这样的情况:雨伞的伞柄上缠着塑封,或是尺寸标志未取下来就直接使用。这样的人被认为对身边的东西漠不关心看来不是没道理的。

71
不要重复使用纸袋

在高级餐厅吃饭,打扮非常正式的时候,拿一个小一点的手拿包会更显优雅。问题是,这个小包里放不下的东西要装到哪里呢?这种时候,很多女性会使用店里的纸袋。的确,如果是名牌商店既时尚又有品位的袋子,就确实值得珍视。但是，请一定要选择符合自己的装扮并且干净整洁的袋子。如果让人感觉是已经重复使用多次的袋子，就会大大降低你的格调。

布制和塑料材质的小包也没问题。

但是，如果是藏青色且样式很朴素的袋子，就会像是小孩上学或上培训班带的。希望大家一定要选择一款符合成熟人士优雅感觉的小包。

72
带这些东西会让人感觉生活不细致

以下这些东西会让人感到你作为一个成年人欠缺美感。

- 装了太多购物小票和积分卡而鼓鼓囊囊的钱包。
- 想要的东西没办法立刻找到的包包。
- "× 保险""× 银行"等不知道是哪里来的企业宣传品。
- 代替笔袋使用的信封和橡皮筋等。

73
注意眼镜的洁净

眼镜和太阳镜的镜片非常容易沾上指纹变脏。自己戴着的时候常常注意不到,但是周围的人看到会很在意。

眼镜是脸上非常显眼的部分!脏污时他人不便直接指正,所以一定要经常自行检查确认。

对四季敏感，能够珍视日常生活的人，内心会更加富足。

理所当然的事情，理所当然地处之，重复这种心境，就能创造出清爽、美好的生活，培养出"良好的教养"。

过有"良好的教养"的生活

☑ 生活中重视衣食住行

☐ 作为成年人，每日积累理所当然的生活日常

☐ 保有享受四季更迭的心

☐ 穿着打扮整齐，无论何时见到何人都不会尴尬

☐ 可以潇洒地使用金钱

☐ 能够了解并享用真东西的好

第四章

生活

生活

74
享受不同季节的节日庆典

在指导入学考试的礼仪规范时,我深切地感受到"好好生活的人""有教养的人"无一例外都非常重视生活中的季节感。

他们不仅重视春节、立春前日、七夕、中秋、除夕等节日,就连家里的插花、装饰或是带有季节感的菜品等都非常讲究。对四季的变化时刻保持敏感,能够表达感谢、庆祝之心的人,更能让人感受到其内心的充实、干净、美好。

75
对农历要敏感

自古以来，对四季非常重视的人，对四季的更迭也十分敏感。

比如说"小阳春"。乍一看以为是描述春天的词，但实际上指的是从晚秋到初冬时节，像春天一样温暖祥和的晴天。

除此之外，能够不经意间意识到"今天是惊蛰，马上就要到春天了啊""大寒了啊，天气也变冷了"，对立春、立夏、立秋、立冬、小雪等二十四节气非常熟悉的人，会给人留下娴静、重视日常生活、内心充实的印象。

76
能应对突然来客

"我来到你家附近了，可以顺便过去一下吗？"当别人这么说时，你能够立即回答"随时欢迎"吗？

如果回答说"抱歉，稍等一下！"，然后开始整理房间、收拾自己的着装打扮，可能就会需要 30 分钟到 1 个小时。

用过的东西是否放回了原处，是否经常打扫卫生，这些生活的细节都能够展现出一个人的教养。

77
玄关也要漂亮

玄关是最先欢迎来客的地方。鞋子不要乱扔，玄关一定要保持整洁！就算突然有客人到访也不会慌乱。为此，在日常生活中就要经常整理玄关，这份从容感正是良好教养的体现。

78
热爱植物

无论是剪下的鲜花还是花盆中的植物，房间或阳台上有植物会让内心和生活更充实。在日常生活中，重视观赏植物这种休闲时刻的人，更能够享受人生。

79 自觉分类垃圾

不怀有得过且过的心态，认真做好垃圾分类的人，从小事中就可以窥见其人生态度。这一定是一个对待一切都很从容、有道德感的人。

80 好东西要在日常使用

应该有很多人会把餐具和杯子分成日常用的和待客用的吧?!

我也有过一段时间会把日常用的和待客用的东西区分开来，想着"特别的东西就等到有客人的时候再用""如果碎了就太可惜了"。但是，这样真的可以称之为重视吗？后来我开始觉得漂亮的盘子不应该只是作为装饰或者收纳起来，只有真正地使用才能提高它的价值，才能充实我们的内心。现在，一些我很喜欢的盘子和餐具，我都会日常使用。于是，对餐具和食物的感谢之心、味觉感性提高了，我也更加能够享受美食了。

81
爱上做饭

我自己除了工作时的午饭和商业聚餐，也经常会在外面吃饭。应该有不少人都因为工作繁忙，每天在外面吃饭或是买成品菜吧。

但是，我认为无论是男性还是女性，在有时间的时候自己做饭，是重视生活的基本体现。

82
尽量不吃高热量的食物

大多数人应该不会觉得总是吃点心和零食,或是频繁吃快餐的人有魅力吧!希望大家能够认真学习食材的品质、食材的味道、好的调味以及添加剂的相关知识,善待自己,认真生活。

金钱

83
给别人钱的时候要包起来

给干事交会费,或是还钱给别人的时候,你有没有把钱装到信封或密封袋里的习惯呢?如果没有的话,作为一个成熟女性,你可能需要自我反省了。

旅馆的小费也是一样的。如果直接给现金的话,就无法传达出感谢、谦恭和敬意。

如果事发突然,没有准备袋子的话,可以说一句"抱歉,只能这样拿给您"。这样的一句话,会在很大程度上改变别人对你的印象。

84
欠别人的钱,即使不多也要立刻归还

即使借的钱不多,也要尽量早一点归还,这是成熟人士的社交规则。如果在金钱方面太懒散,就会被人质疑人品,可能会失去信用。

85
不计较细碎的金额

和朋友一起吃饭 AA 制时,如果过于计较细碎的金额,作为成熟人士也是不洒脱的。与还钱不同,AA 制时,在金额上可以更豁达一些。

> 每个人 1999 日元。

86
过于在意积分，会让人感觉内心贫瘠

不买无用的东西，节俭是非常重要的，用节俭来要求自己也是没问题的。"那家店可以积分""这里可以用积分支付"，如果像这样拉扯上其他人的话，就会有损自身的格调。

并且，为了积分或微小的差额四处奔波，反而会浪费时间和精力，这样可能也无法称之为内心富足的生活方式。在可能的范围内，购买自己真正需要的东西、真正喜欢的东西、真正想吃的东西，这才是成熟人士的品格。

87
不要过于习惯让别人请客

有时候会有一些长辈或男性请我们吃饭。如果这种情况发生了好几次，你是不是就有一点觉得理所当然了呢？

即使对方是长辈并且明显经济条件很好,也要给对方送一些小礼物以表达谢意(但如果给长辈的回礼是同等金额,就会很失礼)。可以说"总是您请客,这次就让我请您吃午饭吧""下一次就由我来付吧"等等,尽量在自己的能力范围内传达谢意。

88
请客的时候要利落

无论是请客方还是被请客方,都会很在意金额,这是很正常的。如果请客方先点了一道比较便宜的菜,那么被请客方就不太好选择比这个价格高的菜。所以请客方可以在点菜时向被请客方推荐一些稍微高价的菜,或者请客方先点一道贵一点的菜,这样被请客方就会更轻松。

反过来也是一样的,被请客的一方如果点了比请客方点的贵很多的菜也是不合适的。虽然请客方表示可以随便点,但选择和请客方所点菜品价格同等的菜才是正确的礼仪规范。而且,适当地回礼和表示感谢也非常重要。

不得不说一些难以开口的话,想不起对方名字,不知道要坐哪个座位……人际交往中经常会遇到这些比较难以应付的场合。

这种时候,内心坚定的人可以不迷茫地冲出重围。

人际交往的基本心得体会

☑ 不让对方感觉不快

☐ 不让对方尴尬

☐ 不打探别人的隐私

☐ 远离谣言和坏话

☐ 面对失礼的人要坚定地应对

☐ 能够重视眼前的人

第五章

人际关系

交谈

89
第一次见面时,不要像采访一样

有些人在和不太亲近的人聊天时,会变得像媒体采访一样。要避开询问对方的婚姻状况、是否有孩子等家庭情况,以及对方配偶的公司名称、职位、收入等,关于个人信息的具体提问也要避开,需要与对方保持距离感。

可以用"您是从哪里过来的呀?""您是住在附近吗?"等迂回的方式询问。可以说自己是从什么地方过来的,先提供自己的信息,这样对方也更容易开口。

90
注意和初次见面的人之间的距离

与他人距离过近会让人感到不适。如果是初次见面，很可能会让人产生不快感。对适当的距离可以这样理解：差不多就是伸手正好碰到对方的距离。

让我们在与初次见面的人、不太熟悉的人交往时，敏感地保持合适的社交距离吧。

91
和不太熟的人不要聊这些话题

- 有无家人。
- 本人或家人的公司名称、职位、收入、学校名称。
- 年龄。
- 具体的住址。
- 政治、宗教话题。

92
如何优雅地躲避别人的打探

反过来说,别人打探得过多时,你该怎么应对呢?比如,别人问:"您丈夫是在哪个公司工作呀?"

这种时候,不要表示为难,也不要敷衍了事,而是可以坚定地直接告诉对方"虽然不方便说公司名,但是是与金融相关的工作",这样就会让对方感觉你是一个"非常有自我意识的人",或是让对方意识到"哎呀,我是不是问了失礼的问题"。

成熟女性能够为自己设置一条底线,超过这条底线的问题就不回答。但是,措辞一定要柔和。

93
能够瞬间判断出座次

能够时刻清晰地认知长辈、上级、前辈、客户等上下关系，并能瞬间判断出房间和餐厅的座次，以及车等交通工具的主次座次的人，通常是非常坚定、有主见的人。无论什么样的场合，他们都能做到准确引导。如下图所示，出租车和私家车的主次座次是不同的。私家车的副驾驶座是主座。现在让我们再确认一次吧！

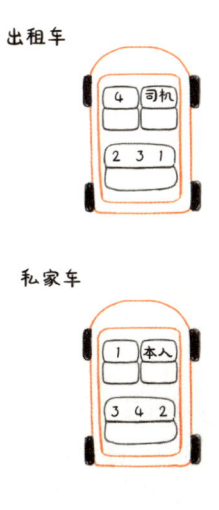

出租车

4	司机
2	3	1

私家车

1	本人
3	4	2

94
看对方时要注意的点

有些人在见面时,会从上到下打量对方。这可能是因为对方打扮得非常漂亮,想要看一下整体。但是,作为被打量的一方,会有一种被估价的感觉,感受非常不愉快。

即使对对方的包或衣服非常感兴趣,也要先忍耐一段时间,过一会儿再装作不经意地去看。"这个包是哪家的啊?多少钱啊?"这样直接问对方更是失礼。虽然这与双方之间的距离感有关,但还是希望大家能够了解一点,那就是有时候一个问题会在很大程度上决定你的品格。

95
不参与传播谣言、坏话

聪明的人在别人讲谣言和坏话时,既不肯定也不否定,不发表自己的意见,而是巧妙岔开话题。

如果不管怎样那个话题也无法结束，就找借口说有急事要办，然后离开那个场所，这才是有教养的行为举止。那些喜欢传播谣言的人是不值得深交的。

96
对所有人都平等以待的人教养更好？

"不因对方是谁而改变自身态度的人"，这句话常被作为一句夸奖语使用。

然而，依据对方是朋友、家人、商业伙伴抑或上级等不同角色，来改变自身的行为举止与说话方式，偶尔改变自身人设也是颇为重要的。

对所有人平等以待固然有很大魅力，但并不意味着它永远正确。

97
炫耀家人是很没有风度的事情

"我爸的公司……""我的哥哥是×博士"……这些炫耀家人的话让人听起来感觉不太舒服。

"家世"和"教养"完全是两回事。

想要获得他人的尊重,首先要提升自身素质。

98
不让别人等待

这是基本的礼貌问题。不守时的人会让人觉得其做所有事情都很散漫。在商业场合中,准时其实就等同于迟到,提前5分钟到场则是普遍规则。

如果感觉会迟到,原则上应该在约定时间之前与对方取得联系。如果已经过了约定时间再说"抱歉,我要晚到一会儿",那就太晚了。

如果可能迟到，就提前告知对方，这样对方不用白白浪费时间等待，而是可以喝杯茶，或是去逛一逛感兴趣的商店等。

99
让对方等待时，要告知具体信息

如果不得已需要让对方等待，就要告诉对方大概的时间，比如"我会迟到 5 分钟"或"10 分钟后我就回来"。这样可以避免给对方造成不必要的压力。

你是否经历过对方在电话中说"请稍等"之后，过了好几分钟却完全没有回复，从而感到不安的情况？

正常来说，应该告诉对方具体的信息。比如"让您久等非常抱歉，您方便继续等待 1 分钟左右吗？""请允许我先挂断，然后再给您回电话，可以吗？"。

告诉对方大概时间的人，更能让对方感受到此人为对方着想的心和诚实的态度。

100
不要一直看表

因为在意时间,所以在聊天过程中总是偷看钟表,这种行为让人非常不舒服。以为不会被对方注意到,但这种行为其实是非常引人注意的。

如果想知道时间,还不如直接说"现在几点了?啊,时间还来得及",这样反而会让对方有好感。能够这样从小细节为他人着想的人,是更有教养的人。

101
重视眼前的人

同行的人不停地看手机,这样的场景现在很常见吧。享受与眼前人的时间和谈话,这是最基本的社交礼仪。但是,有时候也会有一些不得已的情况。如果有紧急的电话或邮件,就提前和对方说一声:"可能一会儿我要接个电话。""我确认一下邮件可以吗？可能有紧急的事。""我回个邮件可以吗？"像这样提前和对方打招呼，对方就易于接受。

可能会让人不快或让人等待的情况，就要尽早告知对方。

102
"什么都行"是错误地为他人着想

"你想做什么？""你想吃什么？"面对这样的问题，回答"什么都行"的女性很难被称为有魅力。

就算是想要迎合对方的喜好，或是真的觉得什么都行，也很难传达给对方，并且很遗憾，还会让对方觉得你是没有自己的意见、没有魅力的人，或者优柔寡断、不感兴趣、不高兴等。

如果是成熟女性，这种时候就不要直接做决定，而是要给出自己的建议。"×在举办×展览，你有兴趣吗？""因为今天比较热，民俗料理怎么样？"

这种时候，提出两到三个方案，给对方留出选择的余地，更能体现出为他人着想的心，彼此之间的关系也会更进一步。

103
难以开口的话，说前缓冲一下

一些难以开口的话不要直白地讲，用柔和却又能准确表达出想法的方式说出来的人会更让人尊敬，更让人感受到从容、自信和有教养。

传达别人的话时更应如此。不要直接说"×感觉挺困扰的"，而是说"×说如果能……的话会更感谢"，这样在中间做一个缓冲，就会让人不禁佩服。

104
夸奖、指正、反驳别人的时候

夸奖的时候要在人前,而指正错误或提出反对意见、批评时要注意避开他人,不要让别人看到、听到,这也是一种为他人着想的做法。

这样做能够体现出一个人的修养和生活方式。

105
道歉的时候不要找借口

道歉时,首先要直接坦诚地说"对不起"。考虑到对方的心情,最好再加上一句"这次给您带来了不快,实在是非常抱歉"。大前提是不要找借口。即使有理由,给对方带来了不快也是无法改变的事实。

比如迟到时,即使是因为人身事故或车辆事故,原因解释也要推后。应当先道歉,然后等到对方询问原因时再解释。

106
有品位的拒绝方式

拒绝对方的邀请时,能够体现出一个人的品性。

你是不是这种情况:不擅长拒绝别人;好不容易被邀请了,拒绝怪不好意思的,就先同意了;等等。

拒绝时,"感谢+抱歉+理由+道歉"的组合非常有效。

感谢和道歉是必须的。如果做出"那天可能会有事"这种不确切的回复,就会让对方很难安排计划。

"能够得到邀请,我真是非常开心,谢谢你。但是太遗憾了,我那天有其他行程。真是对不起,下次有机会再喊我好吗?"像这样有礼貌地回答,彼此就能保持一种让人很舒心的关系。

107
不让对方尴尬地指出问题

在日料店脱鞋子的时候,如果同行的人袜子脱线了或是袜子有洞,你要怎么做呢?应该有不少人会直接告诉对方,或是怕对方不好意思,只当作没看到吧!

但是,有时候本人发现后反而会想"已经被别人看到了……",更觉得尴尬。能察觉到对方细腻的内心,也是良好教养的体现。

"哎呀,破洞了啊!怎么办啊?",像这样和对方一起烦恼;或是"要不去便利店买一双吧",和对方一起思考解决方案;或是说一些自己的相同经验。能像这样让对方心情放松会比较好。

108
别人牵线的事情，要向对方汇报后续

无论是在商业场合，还是在私人交往中，别人为我们介绍了某些人或事，无论后续结果如何，我们都要向介绍的人做汇报，表达感谢，这是最基本的礼仪规范。"前几天您帮我介绍×先生，实在是太感谢了。托您的福，工作上有了新的进展。""我预计下周和您介绍的×先生见面。""谢谢您前几天为我推荐了那家店，我去了，买了不少好东西。"这些理所当然的事你做到了吗？

109
感谢他人的话说不出口是没有自信的表现

当别人为我们介绍了很厉害的人，或是邀请我们去了非常棒的宴会时，有些人会故意省去"×的介绍""×的邀请""托×的福"等话，或是在社交软件上故意发布一

些内容,好像这是自己原本就有的人脉一样。

或许是因为没有自信,所以更希望别人能够高看自己,但这样反而会被人认为品性欠佳。

这种时候要怎么办呢?

110
想不起对方名字的时候

我觉得无论是谁,想必都有过这种经历:因想不起对方的长相或名字而感到十分为难。这种时候倘若说错话,就会让对方感觉不愉快乃至失望。

"完全没有印象"会让对方觉得非常尴尬。"您的长相我记得非常清楚,但就是想不起名字来……"像这样试着告诉对方不是完全不记得怎么样呢?

这样应该就不会让对方因为感觉自己完全没有受到重视而

伤心。

111
对方忘记了自己名字的时候

有些时候,对方可能想不起我们的名字。即便如此,也不要因此让对方尴尬。

如果觉察到对方有些为难,就可以主动说:"我是×,9月的时候,在……承蒙您的关照了。非常感谢。"

此时的要点是告诉对方之前见面的时间、地点和场景等信息。

112
当不得不和不熟悉的人一起相处的时候

你有没有和不太熟悉的人同路回家,感到尴尬的经历呢?一直沉默会显得失礼,但又想不到共同话题。这种时候，如果一直忍受尴尬，双方都会感到压力。能够让对方没有不适感并巧妙打开话题的人，才是具有准确判断力和执行力的聪明女性。

比如，在与只在工作上见过面的人一起走向车站时，可以说"抱歉，我有一封必须回复的邮件""我把孩子寄放在母亲家里了，要给母亲打个电话"。这种让对方先走的分别方式，是否会让双方都觉得轻松呢？

113
错开走路的速度

走在路上或大楼的走廊里，如果身后的人一直不超过自己，总是保持同样的速度走在身后或身边，你一定会感觉不舒服吧。有时我也会觉得很不可思议，对方不会感觉不舒服吗？

尤其是在女性走夜路时，男性更应该注意自己的走路速度。

调整自己的步速，使其与前面或身边的人不一致，这也是为他人着想的一种行为。

114
下电梯后要注意的

在公寓楼乘坐电梯时，如果是在同一楼层里住，并且一直到房门前都得同行，这种情况就需要注意。如果保持相同速度就会比较尴尬。这时，可以加快脚步超过对方，或稍微慢点走，拉开与对方之间的距离，这才是为他人着想的聪明举止。

115
对方说"可以随意坐"的时候

这是发生在一个咖啡厅的事情。那天店内比较空，我和朋友几乎是在包场的状态下很放松地聊天，然后就听到工作人员的声音："请您随意坐。"原来是一对新客人进店了。我当时丝毫没有怀疑他们会选择离我们远一些的座位，但最后他们选择的是我们旁边的桌子！而且这并不是因为这个座位的景色或沙发的样式特别好，无论坐在哪里都差不多。在这么宽敞的店里选择这样的一个座位，我对这两个人如此不懂距离感的行为感到十分震惊。

乘坐巴士或电车也是一样的。尽管有非常多的空座，但如果有人坐到自己身边，大家都会感觉不太舒服吧？不过大部分人会在车内比较空旷时，主动错开座位。

虽然都是非常小的细节，但像这样能够对距离保持敏感是非常重要的。

116
和不太熟的人在同一家店里碰到的时候

虽然认识，但不太熟悉，或是不太想和对方讲话，有时候，我们会和这样的人在同一家餐厅或咖啡厅碰巧遇上，这是很尴尬的。作为成年人，主动打招呼，然后选择不怎么看得到对方的座位，这也是一种为他人着想的行为。能够随时随地考虑他人感受，这才是良好的教养的体现。

117
想要催促别人还钱的时候

催促别人还钱时，无论如何都有点不好意思。如果借款的金额比较少的话就更难以开口。这种时候，可以试着像这样说："我都有点忘记了……""说起来……"加上一些好像是刚刚想起来一样的词句来切入吧。

如果直接表达比较迟疑，则可以这样说："之前我是把钱借给×先生（对方的名字）了吧？""我借给×先生多少钱来着？"通过提问让对方想起细节，以此进行催促。

如果今后还想与对方保持交往，就更应该认真清算。这种方法对要回借出的 DVD 和书籍也适用。

118
拒绝对方的善意时,要记得表达感谢

虽然对方的关照是出于善意,但有时候对我们来说是不需要的。在这种情况下,首先要对对方的心意表达感谢。然后不要直接拒绝对方说"不用了",而是要这样说:"让您费心了,我自己也可以做。""×先生好像比较擅长这个,我拜托他了。"通过这种方式告知对方自己或他人现在可以处理这件事,这样不仅不会让对方感到不舒服,还能够温和地拒绝对方。

专栏　会让交往中的异性厌烦的举止

你有没有在喝汤的时候发出声音呢?

吃饭的时候发出声音是非常失礼的。但是很多人自己并没有意识到,他们是在餐桌礼仪讲座上我提出这一点时才第一次意识到自己的问题的。经常能听到因为吃饭时不懂餐桌礼仪或有一些对方比较介意的小毛病而分手的案例。

在我的礼仪学校中,也有不少帮另一半报名餐桌礼仪课程的例子。"不喜欢男朋友的吃饭习惯,所以希望他去上一下餐桌礼仪的课程。""见父母之前,希望女朋友可以先接受一下指导。"

也就是说,吃东西这种行为非常能够体现一个人的教养,并且会在很大程度上影响男女交往的结果。如果将来想要一起生活,这一点尤为重要。要求每天在同一张餐桌上一起吃饭的人有教养也是理所当然的。

◎ 措辞不优雅

在日常生活中经常使用比较粗俗、低级的措辞，会让对方觉得没办法介绍给父母和朋友，这样二人就很难结婚。即使是比较亲近的关系，也要注意日常生活中的措辞。

◎ 粗心大意的人

和"粗枝大叶""草率""粗野""粗糙""马虎"的人以结婚为前提交往，就会让人有所犹豫吧。

"做事三心二意""体态或腿的姿态不雅观""不能照顾周围人的心情"等粗心大意、没有格调的行为举止，都会让潜在的结婚对象敬而远之。

◎ 不会道谢

得到了别人的热情招待，或是别人请客吃饭、接受了别人的馈赠，这些时候一定要当场表达谢意，并且之后要再次表达谢意。第二天可以发邮件或打电话致谢，在下一次见面的时候也不要忘记表达感谢。

提供帮助或赠送礼物的一方其实是记得很清楚的。在社交中，表达谢意非常重要。"前几天承蒙您的照顾了""上次多谢您了"……希望大家能够时刻牢记,认真表达自己的谢意。

◎ 金钱观不一致的人

对金钱过于在意,总是计较得失,或是对金钱过于散漫等,与这种金钱观不一致的人交往,人际关系容易积压各种不满,很难长久。因此,大家有必要重新审视一下自己是否有这方面的倾向。

◎ 频繁投诉和抱怨的人

能够宽恕一些小事,是良好教养和从容感的体现。有些人在作为顾客时会表现得非常蛮横,这其实会让人质疑他们的人品。

在这种情况下,如果能将投诉以一种玩笑的方式表达,缓和气氛,就会让人觉得你非常有魅力,并且愿意与你长久交往。

赠礼和拜访时，有一些不能缺少的礼仪。

这种时候，要在了解基本礼仪规范的基础上，根据不同的对象和场景随机应变。

只要摸清对方及其家人的状况，就一定能够明白怎样是最好的选择。

传达内心感受的行为举止

☑ 了解礼仪规范的基础知识

☐ 在理解这些知识的基础上做到随机应变

☐ 认真传达内心感受

☐ 时刻站在对方的角度去行动

☐ 不过分出头，也不过分低调，保持在一个恰到好处的位置

☐ 谨记表达感谢和回礼

第六章

赠礼和招待

伴手礼

119
伴手礼的送法

在给对方送贺礼或者拜访长辈的正式场合都需要遵循礼仪规范。

把伴手礼递给对方的时候,不要装在袋子里,而是要把礼品从袋子里拿出来双手递给对方,这才是正确的礼仪。当然,这也要根据情况而定。如果递伴手礼的地点是在店里、走廊上、室外或是附近有工作人员的商业场合,或者对方赶时间,那么连同袋子一起递给对方会更合适。

在了解礼仪的基础上,根据不同的场合做出相应的行为举止,这是让人感觉有教养的必要条件。

120
选择伴手礼时要注意的点

- 如果对方是独居,就要考虑数量和保质期。
- 如果对方是年长的人,就要避开较硬的食物。
- 如果对方有孩子,就要选择孩子也可以一起吃的食物。
- 不要在拜访的人家附近买。
- 要事先调查对方的喜好。
- 一些季节限定或是数量限定的点心,更能体现出对方的特别。

121
手工制作的东西要格外注意

以前,手工制作的小点心更能传达真心和情谊,比较受大家欢迎。但是现在情况有所不同,越来越多的人对此感到困扰,因为卫生问题和过敏问题越来越多,所以,给家人以外的人送手工制作的伴手礼，最好要三思而后行。随着时代的变化，以及不同人群的不同需求，送礼的方式也应有所不同。你是否敏锐地察觉到了这些变化？

122
商业场合的伴手礼需要注意的点

- 避开需要冷藏、冷冻的东西。
- 避开需要用刀分割的东西。
- 想清楚是送给个人还是送给部门的所有人，再做选择。
- 如果是送给多个人，就要选择独立包装的东西。

123
把重视对方的心意传达给对方

"这是我顺道买的"与"这是我特意准备的"，后者更能让收到的人感到被重视，从而感到高兴。

比如，如果是在距离拜访者最近的车站买的伴手礼，就会给人一种赶时间准备的印象；但如果是只在特定的商店才能买到的东西，或是需要排队才能买到的东西，就会给人一种"特别感"，从而提高对方对自己的印象分。

124
选择对方喜欢的东西

伴手礼的选择常常让人烦恼。比如，可以选择一些自己吃过感觉不错的东西，希望对方也能尝一尝。然而，事先简单调查一下对方的喜好是非常重要的。有时候，对方可能因为健康原因有些食物不能吃。如果对方不喝酒，而你送了加了白兰地的点心，那么再用心挑选的礼物也会被浪费。如果对方有孩子，一些孩子也可以吃的伴手礼就是不错的选择。了解对方的喜好和过敏情况后再买，就会让人更加安心。

能够考虑对方家庭构成来选择伴手礼的人，更能让人感受到其品位和教养。在力所能及的范围内用心选择吧！

125
只有孩子的聚会,要让孩子带着小礼物去

只有孩子去邻居家拜访时,能够让孩子带着小礼物去的妈妈,更能让人感受到家庭的良好教养。

并且,不要只给孩子准备小礼物,如果能够给对方的妈妈也准备一份小礼物的话,那就会让人觉得"太厉害了!"。即使是曲奇饼干这种小东西也无妨。

赠礼

126
转送一些没用的东西会让对方很失望

对收到的礼物自己用不上而感到很遗憾时,我们可以转送给别人。但是,它们必须是对方收到会高兴的东西。如果只是因为"我用不上"或是"扔了怪可惜的",为了减轻浪费的罪恶感而送,那就是非常失礼的行为。

送东西给别人的原则就是要送"对方收到后会高兴的东西""非常希望对方使用的东西"。如果转送一些明显不适合对方的东西,就会让对方觉得完全不为对方着想,从而感到失望,这也是非常有失格调的。

127
理所当然地感谢，你做到了吗？

收到别人的礼物或受到别人帮助之后不忘表达感谢，这一点你做到了吗？最好在当天晚些时候或最迟第二天，通过信件、电话、邮件等方式表达谢意。并且，下次见面时不要忘记表达感谢。这才是好的教养的体现。

128
感谢大家为自己聚集在此的小谢礼

在生日宴会或庆典等场合，大家是为了你而聚集在一起的。你可以为他们准备一些伴手礼，这样能让人感受到你的细心和认真对待生活的态度。

129
哪怕是小东西也要认真回礼

有小朋友的家庭，经常会从亲戚、朋友等熟人那里得到一些给孩子的食物或衣物等。因为这些东西不是很贵重，所以你很容易忘记回礼，而且你可能会觉得每次收到都要回礼很麻烦。

但哪怕是小东西，也要认真回礼。需要注意的是，收到的一方可能是不小心忘记了，送礼的一方却会记得很清楚。如果今后还想和对方保持良好的关系，那么可以几次合并起来回礼，一定要表达感谢的心情。

当然，不一定非要用送礼物的方式回礼，也可以帮对方一些忙，或者做一些对方会感到高兴的事情。

130
回礼不要过早也不要过晚

贺礼的回礼时间一般来说是收到后一个月以内。回礼太晚不好，但回礼太早也会给人一种"事先就准备好的""没有仔细选择"的印象。不过，感谢的话一定要在收到后最晚第二天就说。

一般回礼的金额大概是赠礼的一半。如果是朋友间的交往，收到了对方的小礼物，在下次见面时回礼就好。但是，如果这样会拖到过年或者半年以后，就应该主动创造一个见面的机会送给对方，或者寄给对方也可以。

131
回礼要回多少次？

回礼之后，对方又送了东西……有时候会出现这种来来回回的情况。如果能够在回礼之后直接结束，这就是最简单的，但人际交往往往不是那么简单。此时我们可以一边试着减少回礼的次数，一边观察对方的反应，巧妙地进行人际交往。

拜访

132
关于拜访时间的常识

拜访别人应避开饭点，这是常识性的礼节。上午 10 点到 11 点、下午 2 点到 4 点是比较合适的时间。

在商业场合中，最好提前 10 分钟出发，按照约定时间到达就已经算是迟到了。但一般来说，到别人家拜访，如果比预计时间到得早，就会让对方感到慌乱，比约定时间晚 5 分钟到才是为对方着想的体现。但如果迟到超过 10 分钟，就要提前联系对方。

了解这些礼仪规范，能使你越来越有教养。

133
拜访时不要穿太暴露的衣服

女性在拜访交往中的男朋友的家时,要注意穿着高雅整洁的服装。我认为太暴露的衣服或太紧身的衣服都不太适合。我们要在意的不是男朋友的眼光,而应该考虑是否得体。

还有一点很重要,那就是不能光脚,这样才符合社交礼仪。

134
拜访时必带的物品

能时刻设想到可能会给周围人带来的困扰和不适,从而做好准备,这一点也是培养良好教养的关键。

- 下雨天,自己带好小毛巾和替换的袜子。

- 带着孩子去别人家拜访时,为了不给对方添麻烦,要自己准备好孩子的玩具和绘本,还有不容易四处散落的点心等。

135
拜访时,什么时间脱大衣比较好?

拜访别人家时,大衣应该在哪里就脱下来呢?如果是公寓的话,那是在电梯里还是在玄关脱呢?正确的做法是在按门铃前。通过可视门铃,对方可以看到你近乎全身的影像。

首先脱掉大衣,手套、围巾、帽子等防寒用品也不要忘了摘下来,再整理好自己的仪态。尤其是在去男朋友父母家、恩师家这种长辈的家里时,一定要整理好自己的装扮,再按门铃。

136
优雅的大衣整理方法

拜访时，脱下的大衣要翻过来放，这并不仅仅是为了不弄脏自己的外套，还为了不让自己在外面沾染的灰尘掉到别人家里。在拜访别人家时，能够以对方为中心来考虑的人，才称得上真正有教养的人。

利落的大衣叠法

1. 双手放入大衣的双肩。

2. 双手合十，翻转搭到一只手上。

3. 竖着对折，搭在手腕上。

137
座次以出入口为基准

知道房间里哪里是主座、哪里是末座也是良好教养的体现，这会给人一种习惯了正式场合的印象。在拜访时，即使知道对方会请我们坐主座，在对方没有指引之前也不要主动去坐，而要先坐在末座等待对方的指引。

一般来说，离出入口远的座位是主座，近的是末座。椅子依照主末座次从长椅、有扶手的椅子、有靠背的椅子、没有靠背的椅子依次排列。旁边有装饰柜、插花、画等也是主座的标志。

西式房间

日式房间

138
告辞的时候,大衣等外套应在出玄关之后再穿

与拜访时相反,告辞时理所当然的一点是大衣和帽子等要在出玄关之后再穿戴。但是,如果主人说"外面比较冷,先穿上吧",那就可以承其好意先穿上外套。

招待、陪同

139
利落的陪同更能彰显品格

在陪同客户或长辈时,对于自己应该先走还是后走,你是否感到过困惑呢?不打断对方的行动,顺畅地陪同,更能彰显品格。

在引领客户进入房间时,要走在客户的斜前方进行引导。进入房间时,如果是向里推的门,就要自己先进;如果是向外拉的门,就要让客户先进。

【其他陪同】

- 进入餐厅。

在酒店和餐厅,原则上都是女士优先,或者让被招待的一方先进。

- 电梯。

无论是进电梯还是下电梯,都要让客人先行,并且加上一句"您先请"。

- 扶梯。

为了不俯视对方,一般是上扶梯时站在后面,下扶梯时站在前面。

140
饮料如果倒得太满就会显得没有品位

沏茶可以切实地体现出一个人的品位。绿茶如果倒了九成满,或是咖啡和红茶倒到了杯子的边缘附近,就会让人感觉缺乏喝茶的经验。绿茶一般是倒七分满,咖啡和红茶是八分满,这样会显得更加有品位。

141
送客要送到看不见客人的身影为止

如果是送长辈,最好送到大门外。

如果是公寓,就送到电梯前。在电梯门关闭前保持微笑送别,会给人留下一个好印象。如果是独栋别墅,按日本人的方式,一般是送到对方转过拐角看不见为止。希望大家可以重视这份谦恭的心态。

142
家庭聚会和带东西的常识

- **比约定时间稍晚一点到达。**

招待人数较多的宴会,主人需要准备菜品和摆桌,会非常忙。我们要明白主人没有精力去招待提前到的客人,所以不能按照正常的拜访礼节准时到达,而是要稍微晚一点去。如果是家庭宴会,晚到 10 分钟左右正好。

- 自带菜品时一定要带成品。

参加百味餐（每人自带菜品参加）宴会时，如果带的东西需要请主人帮忙完成，或是需要借用主人的厨房才能完成，就会影响主人的安排。

- 如果是需要冷藏、冷冻的东西，一定要提前确认。

有时候，宴会当天，冰箱可能会装满食材。像冰淇淋或蛋糕等需要冷藏或冷冻的食物，一定要事先和主人进行确认。

- 给主人带伴手礼。

虽然主人说"什么也不用带，人过来就好"，但是成熟女性并不会信以为真。为了表达对主人举办宴会的谢意，不要忘了带一些鲜花、巧克力、红酒等伴手礼。给主人带伴手礼是必要的礼节。

- 确认结束后是否需要帮忙整理。

因为每一家都有各自的规矩，所以有时候自认为礼貌的行为反而可能会给对方带来困扰。如果提了两次，对方都表示不用，那就接受对方的好意，休息吧。

专栏　这样的孩子一定能通过入学考试

我至今在"名校亲子礼仪教室"中指导过非常多的孩子。给我第一感觉就能够通过考试的孩子是什么样的呢？那就是"有好教养、有气场的孩子""通身散发出高素养的孩子"。即便是乍一看比较活泼淘气的男孩或比较认生害羞的女孩，在各个重要的点上也都能够很好地展现出自身的气场和素养。教养不是一天就能养成的，但是只要从今天开始学习，就一定能够成为有教养的孩子。

◎ 能够巧妙地进行眼神接触

面试时，在进门后，有指路的老师、等候室里的老师、引导的老师、行为观察的老师和面试的老师等。其实，这是一个需要和众多老师打招呼的场景。此时，不要等父母提醒，而要主动用至今所学，进行优雅的行礼问候与眼神接触，这一点非常重要。即使只是一瞬间，也绝对不能软绵绵的，要挺直身体，在对方的正前方行礼问候。为此，有必要进行专门的训练。

◎"张弛有度""有界限"的孩子

因为是孩子，所以该玩的时候就要畅快地玩。一旦收到了"集合""停止"的指令，就能够迅速切换心态，立刻转入接下来的行动，这样的孩子才是能够顺利通过面试的孩子。当然，"其他孩子也在玩""大家都在玩"这些借口是不成立的。另外，边走边递东西，站着吃喝，这种一心二用的行为也是减分点。

◎ 能够说出自己的见解

不仅在参加面试或与父母一同参加面试时会被提问，在行为观察时，孩子也会被问到很多问题。如果总是看父母的脸色，扭扭捏捏，沉默不语，或只能做出学校或家里培训出来的固定答案，那么这种孩子很快就会被看穿，无法成功通过面试。即使遇到很难的问题，也要拼命思考，并表达出自己的见解，这才是有教养的孩子。

◎ 熟知并体验不同季节的活动、不同季节的食材

从正月开始，女儿节、春分、端午节、七夕、中秋、除夕等节日都要认真度过，这是基本中的基本。至少要能说出不同节日的起源和意义，并与家人一起度过。

◎ 自己思考，做自己认为好的事情

绝不随波逐流，而是有自己的思考，能够做自己认为对的事情，这样的孩子可以通过许多学校的考核。无论什么样的父母都希望自己的孩子能成长为一个率真、正直、有正义感的人吧。

◎ 谦让、分享

不只是点心或玩具，在公园荡秋千或是玩游戏时也应该按顺序排队，爽快地谦让也很重要。此外，能够夸奖其他的孩子也是非常重要的。当出现问题或者需要改善时，怎样给予孩子合适的指导，说是关系到孩子一生的发展也不为过。

◎ 仔细对待物品，整理物品

有些人天生性子急，有些人天生粗心大意，每个人的性格各不相同，但能否仔细对待物品与性格无关。能够顺利通过考试的孩子，即使本身是急性子，无论做什么事都噼里啪啦，也会非常认真地整理玩具、叠放衣服，对围裙和三角巾的打结方法等非常熟练，在把教科书还给我的时候也是一样！

越是在多人聚集的公共场合，越考验一个人的品位。

即使只是短暂的交往，也要对在场之人怀有敬意。

有教养的人，能够把现场转变成一个令在场所有人都感到身心舒适的空间。

考验品位的行为举止

☑ 理所当然地遵守规则

☐ 能够判断哪些是尚未到达礼仪层面的常识

☐ 能够堂堂正正地表达正当的需求和主张

☐ 对在场的人怀有敬意

☐ 行为举止能够让在场的所有人都感觉舒适

第七章 公共场合的行为举止

买东西、试衣服

143
试穿后的衣服不要原样还回去

试穿后,要把衣服的拉链拉好,或者把扣子简单地系好,再还回去。直接将内里朝外还给店员是非常不礼貌的行为。此时能否花费一点小工夫,正是考验教养的关键。

144
在试衣间脱下来的鞋袜要摆放整齐

试衣服时脱下来的鞋子要摆放整齐。如果是朝前脱下来直接放在那里,就会让人觉得你在日常生活中也不够仔细。

另外，脱鞋子的时候，如果发现丝袜破了，指甲油剥离了，或是袜子上有一个洞，你会有怎样的感觉呢？

每天都认真生活的人，无论什么时候都可以堂堂正正地脱鞋子。当然，在鞋店试鞋子的时候也是如此。

145
不买也要潇洒拒绝

经常有学生向我倾诉一种烦恼，那就是"试穿之后不喜欢，但很难拒绝"。试穿本身就是为了试试尺寸和款式是否合适，所以如果不符合自己的预期，就潇洒地拒绝吧。不过，面对为我们准备了很多商品的工作人员，一定要记得表达感谢和简单致歉。"麻烦您了，特意从库房里帮我找出来，实在是抱歉……""谢谢您帮我介绍了这么多。"

这样就可以给对方留下一种非常坦率的好感，可能之后有喜欢的商品信息或是促销活动等，店员还会优先通知你。客户比较优质，店员也更愿意提供优质的服务。

146
可以婉拒店员的送客行为

现在越来越多的店家要求店员帮客人把商品送到店门口。如果不是特别重的东西,我大部分时候会婉拒:"到这里就行了。""在这里给我就好了,谢谢。"大家觉得在哪里接过商品更舒服呢?请基于自己的判断,清楚地告诉对方吧。

剧场、美术馆

147
不带大包进美术馆

最近,美术馆里到处都很拥挤。太大的行李会妨碍他人观赏作品,还会破坏欣赏作品的安静氛围。因此,将多余的行李寄存在储物柜里会更好。

148
观剧时比较高雅的行为举止

在很多地方,观剧是不允许中途入场的。而且即使可以进去,走到座位上也会影响其他观众的观剧体验。所以要选择幕间休息时入场，或者先站在后面观看，等到一个比较好的节点再进去。去电影院看电影也是一样的。

这些你做到了吗？

149
中途退席的时候

如果是提前离场的情况，就要事先和工作人员协商好。

也可以和靠近过道的客人打声招呼："我需要中途离场，如果方便的话，我们可以交换一下座位吗？"如果是中间方便观看舞台的座位，对方可能就会很高兴地和我们交换。像这样预先判断，自然而然地和别人协商，提出解决方案，自己和周围的人就都能更好地观剧了。

150
观剧时一定要靠在椅背上

如果看剧或听演唱会时太过专注,身体离开椅背前倾的话,会给人一种观剧经验不多的印象,还会影响后排的人的观感,给别人造成困扰。希望大家可以成为随时能够照顾到身边的人的感受的成熟女性。

151
注意食物的声音和气味

对于三明治和饭团的包装袋、小零食的袋子,不只是在开合时要注意声音,拿的时候的声音也会让人非常在意。另外,吃的时候,也要注意咀嚼的声音。

更需要注意的是食物的气味,这一点作为吃者本人是很难注意到的。你在选择购买食物的时候考虑过这些吗?

剧场和电影院关于吃东西的规则各不相同,每次都不要忘记确认。

旅行、乘车

152
在公共场所谈话要注意音量

在电车、电梯或洗手间里交谈,经常会被周围的人听到。不仅要注意控制音量,还要特别注意不要讲一些谣言。在咖啡厅里也是如此。你不知道你们的谈话内容会传到谁的耳朵里。在公共场合的对话可以体现出你的人品。

能够根据不同场合控制音量,才是有教养的成熟女性。

153
在公共交通工具里可以吃东西吗？

长距离移动的交通工具姑且不谈，在一般通勤时所乘坐的公共交通工具里吃不吃东西，是对一个人教养的考验。食物味道的扩散范围会超乎你的想象。快餐会有一种独特的油脂味，只是带着也会让人很在意。如果迫不得已拿上了车，也尽量不要吃，当然，不带上车是最稳妥的。

154
坐不坐下来要看是否妨碍他人

在拥挤的公共交通工具里会有一些即使眼前有座位也不坐下的人。即使有空座也不坐下，这本身并没有什么问题，但是有时候会让周围的人感到困扰。明明很想坐，但是因为有人挡住了座位；有需要的人看不到空座，想坐也坐不了……这种时候，为了不妨碍想坐下的人，可以稍微移动一点，或者出声、用眼神或手势示意旁边的人坐，还应确认一下周围有没有老年人。要有这种为他人着想的心。

155
关于婴儿车

对婴儿车的使用礼仪，使用者本人和周围的人的见解是各不相同的。希望大家可以衡量彼此的状况，尽量为他人着想。

作为使用者，在搭乘电梯的时候或在餐厅里放置婴儿车的时候，要尽量考虑他人的通行空间。要避开通勤高峰出行，并尽量使用婴儿车专用位置。

当然，周围的人最好也能够理解、认识到妈妈的辛苦，用为他人着想的心来帮助与守护，这就是最理想的了。

156
侧扶手是谁的?

我偶尔会听到一些邻座的人争夺侧扶手的事情。如果因为这种小事使难得的旅途或是出差变得不愉快,那就太可惜了。座位上的侧扶手,与其说是放置肘关节的位置,还不如说是邻座与自己之间的隔断。如果单纯地将它当作一种"分界线"来考虑的话,可能就不会产生一些不必要的纷争了。一开始就把它当作分界线,不把肘关节搭在上面,这才是能够安稳度过乘车时光的诀窍吧。而且争夺侧扶手这种行为本身就不是什么有格调的事情。

157
乘坐公共交通工具时要注意香气

在搭乘座位不能随意移动的交通工具时,香水、发胶的香味,还有经常使用的衣物柔顺剂的味道,都有可能引起周围人的不适，尤其是在飞机这种指定席位上，长时间和自己不喜欢的香气共处，简直就是噩梦。一定要知道，自己喜欢的香气，别人不一定也喜欢。

158
香水不要喷在腰部以上的位置

在这里，我来为大家介绍一下高雅的香水使用方法吧。我认为香气不是粘在身上，而应该是缠绕在身上的。以前都推荐把香水喷在耳朵后方、手腕内侧、手肘内侧等脉搏跳动的部位，因为这样更有助于香气的扩散。但是，这样对距离较近的人来说，香气就会过于浓烈，自己也会成为"让人困扰的女性"。

诀窍就是把香水用在腰部以下的部位，比如，膝盖后侧和脚踝等。不让对方直接闻到，而是微微地闻到，这一点非常重要。

另外，香水也不要直接喷在身上，可以向空中喷洒后从下方走过，让香气缠绕在身上。这样香气就不会集中在某一部位，也不会过于浓烈。请巧妙地控制香气吧。

159
优雅的上下车方法

在搭乘出租车的时候，我们经常会低下头蜷缩身子往车里钻，或者先把脚迈进车里。但是，这样的话，裙子的边缘就很容易起皱，姿势也会显得比较男性化而不优雅。按照下面的顺序来做，就可以更优雅地乘车。

上车时：

- 先从腰部进入，轻轻坐下。此时，将包包放在膝盖上。
- 一边将双脚放进车里，一边将身体转正。

下车时：

- 以腰部为轴将身体转向车门一侧，先把脚放下去。
- 脚落地之后，慢慢地站起身。

酒店、旅馆

160
遵守着装要求是懂得尊重的表现

如果是商务酒店或是度假酒店,就不用过于紧张。但如果是五星酒店或旅馆,就要穿戴与其等级相匹配的服饰,这是礼节。

能够在遵照着装要求的同时用自身的品位展现出时尚感的人,会让人感觉见过大场面、有教养。

都说酒店的从业人员会通过客人的手表和鞋子来判断顾客的等级。实际上,我采访过的好几个酒店从业人员也是这么回答的。希望大家在办理入住的时候,都能穿戴好服饰。

161
签好名后自然掉转方向还给对方

使用信用卡或是在酒店办理入住，签完名后，你是不是直接就把笔递给对方了呢？无论是什么样的场合，无论是递给谁，都希望大家能够自然而然地将笔掉转方向后再递给对方。尊重对方也是在提升你自己的修养。

162
合理的要求要直接表达出来

很多人在拜托别人或是想要投诉时会很犹豫，不好意思。何时应坚持自我的主张，何时应该忍耐，能够分清两者的才是成熟女性。

当因为某些原因对房间不满意时，就要好好地告诉酒店方。不太好开口的时候，可以用"商量"的语气，这样会显得更柔和。用"我有一件事想和你们商量""有一件事不知道应不应该和你们商量"这样的话作为切入点，你感觉如何呢？

可以商量的事：

- 房间的大小。
- 走廊和隔壁房间的噪声。
- 窗外的景色。
- 房间的内饰与图片有差异。
- 空调不好用。
- 下水道和热水不好用。
- 禁烟房间却有烟味，或是房间有异味。

163
是否给小费？

在日本，无论是酒店还是旅馆，房费中都包含了服务费，所以按理说是不需要给小费的。但是，如果受到了额外的照顾或是得到了非常棒的服务，也可以表示一下心意。

此时，一定要将小费放在信封或纸袋里，这样更能展现出良好的教养。一般来说，小费可以给接下来将会照顾我们的人或是已经照顾过我们的人，给老板娘等职位高的人也可以。

给小费的时机一般是在服务人员将我们引领到房间并做完房间说明之后，或是在对方满足了我们的请求之后。在离开的时候为表达感谢给点小费，也是一种比较好的方式。

小费金额因实际住宿旅馆的等级和请求事项的难度而异，真的就是"看心意"。

164
毛巾类要整理好

退房时，要把用过的毛巾轻轻叠放在一起，然后放到浴室。要通过这些细节表达"我用过了""承蒙关照了"的心情。

用餐礼仪会非常明显地展现出一个人有无教养。

让我们再确认一下筷子的拿法等理所应当掌握的要点吧。

掌握好礼仪规范，自然而然地照顾周围的人，这才是良好教养的展现。

被人称赞有教养的优雅用餐方式

☑ 了解基本的礼仪规范

☐ 对店家和食物怀有感激和尊敬之情

☐ 行为举止符合店家的等级

☐ 即便是没有特定礼仪规范要求的食物，也能优雅地食用

第八章 用餐方式

基本的用餐方式

165
拿筷子要用三根手指

我经常看到有些人直接用右手拿起筷子,然后转一下手腕就开始吃饭。

一定要用双手拿起筷子,夹菜的时候用三根手指(具体方法见下一页)。

每一个动作都要细致认真地做好,这样就会显得更加从容优雅。通过一个人使用筷子的方式,就能想象出他在家里吃饭的场景。想要自然而然地用好筷子,一定要从今天开始就好好练习。

拿筷子的方法

首先用右手拿起筷子，左手在筷子下面支撑，然后将右手移到筷子下面，变换姿势拿住筷子。

筷子的正确使用方法

- 要用拇指、食指和中指这三根手指来拿筷子的上部。
- 握筷子的时候要握在距上方筷头三分之一的地方。
- 筷子尖可以很好地闭合在一起。

166
优雅的碗筷拿法

不要在做一个动作的同时做另一个动作，每个动作都要细致地分开进行，这样会让人感受到女性的优雅和品位。在吃小盘子或小碗里面的食物时，不要同时拿起筷子和碗，而要从容地逐个拿起。

木碗和筷子的拿法

- 拿起木碗的时候要用双手。
- 右手松开木碗,再去拿筷子。
- 用碗底的手指夹住筷子固定。
- 右手伸到筷子下方拿起筷子。

167
喝汤时筷子的位置

我经常会看到喝汤时手里的筷子位置不对的人。如果筷子尖正对面前的人,就会显得非常失礼,没有为他人着想。

喝汤时,可以将筷子放到碗里压住汤中的食物。

168
不要舔筷子和勺子

把筷子放到嘴里舔的行为叫作"含筷",这在吃饭时是非常不礼貌的行为。当筷子上粘了饭粒等食物的时候,只吃那个饭粒也是不对的。这种时候,搭配其他食物一起吃会比较好。吃完之后,把筷子擦拭干净,这样会更显优雅。

另外,在喝完汤后,筷子或勺子上还留有汤汁时,擦拭或舔舐都是很不雅的行为。

可以把筷子或勺子抵在木碗或杯子的边缘,用碗和杯子边缘蹭掉汤汁。

在喝红茶或咖啡的时候也可以这么做。

169
在用餐时很容易做错的行为和正确做法

× 没拿筷子的手直接放到桌子下不拿上来。

○ 没拿筷子的手可以拿小碟子或接碟，或是扶在面前的碗上。

× 用手接菜。

○ 用餐巾纸代替接碟。

× 手从菜的上方扫过去。

○ 拿东西的时候，手要从菜的旁边过，或者用离盘子比较近的手去拿。

× 在餐桌上手托腮、抱胳膊、支手肘。

○ 吃饭的时候，左手可以拿碗或虚扶碗，又或者把手放到膝盖上。

× 搭筷子（把筷子放在菜盘上面）。

○ 如果没有筷子架的话，就把餐巾纸折成筷子架，或者是把筷子尖放回到包装里。

× 拉菜盘（用筷子把菜盘扒过来）。

○ 移动菜盘一定要用手。

× 拿着筷子站起来。

○ 吃饭的时候，如果遇到无论如何都要离开座位的情况，就要先把筷子放下。

× 拿着筷子做手势。用筷子指人更是不可以的。

○ 要把筷子放下再做手势等动作。

× 用舌头迎菜（张开嘴伸出舌头去接菜）。

○ 用筷子把菜稳稳当当地送到嘴边。

170
杯子、茶碗的拿法

• 汤碗。

双手拿。单手拿汤碗的侧面,另一只手虚扶在碗底。

• 咖啡杯、茶杯。

要用手指牢牢地握住把手,拿稳杯子。想要展现优雅的时候,可以手指并拢,像捏着似的来拿。要根据不同的杯型和不同的场合来改变拿杯子的方式。

• 茶托。

在吧台等地方,如果桌子离得比较远,或是站着喝的时候,连同茶托一起拿起来会显得更有品位。

• 红酒杯。

在国外一般是拿杯体的部分,比较主流的是拿着杯柄的部分。最重要的是要根据场合而定。

171
买来的成品菜不要直接放在包装盒里吃

在商场买的一些成品菜,你会装到盘子里再吃吗?如果是直接就着包装盒吃的话,实在是比较寒酸。

瓶装软饮或罐装啤酒也是一样的道理。不要吝惜这一点点的时间,日常生活还是要过得细致一些。但如果是去别人家里拜访,就要问上一句"要装到盘子里吗?""需要准备杯子吗?"。如果大家都不在意的话,那就可以直接吃。

172
让人质疑教养的用餐方式

如果以下这些用餐习惯已经变成日常,你就要立刻改正!

• 不装到盘子里,直接就着锅吃。

- 站着吃东西。
- 在公共交通工具中吃东西。

173
恋爱时，用餐方式不当容易成为阻碍

我的教室里有很多这样的学生：或是不想让另一半尴尬，或是因为另一半有要求，所以来学习餐桌礼仪。"男朋友要带我去一家比较高级的餐厅，但是我对自己的礼仪规范不太有信心，害怕尴尬……""女朋友说我吃东西太脏了，要求我好好学习一下餐桌礼仪。（笑）"

尤其是以结婚为目的交往的伴侣，无论男女，如果吃饭的方式会让一起用餐的另一半感到不舒服，将来就一定会积攒压力。当然，用餐时做出优雅的行为举止，遵守礼仪规范，也是为了照顾周围的人的感受。

从下一顿饭开始重新审视一下自己的行为举止吧！

休闲餐厅就餐

174
擦手巾的使用方法

国外餐厅或一些高级餐厅不会准备擦手巾,但普通餐厅基本会有。擦手巾的使用方式也能展现出一个人的教养。相较于把擦手巾完全展开擦拭整个手掌,轻轻地擦拭手指尖和手指第二关节会显得更优雅。当然,不能用它来擦脸或身体其他部位,除非遇到一些紧急情况;也不能用它来擦桌子。

擦手巾的使用方法

1. 如果擦手巾是折成一条或折成一团的,就将其展开到三分之一的程度。

2. 擦拭手指尖。

3. 轻轻折回接近原来的形状。

将没有使用过的部分朝上放置,这是对来收擦手巾的服务人员的关照。

175
点菜要从谁开始?

如果是和长辈在一起,就要先等对方点好菜,自己再点,也可以说"您先请"来自然地提醒对方。

另外,用餐的时候也要等长辈或主宾先吃,自己再吃。

176
吃饭的速度要与对方一致

商务人士的午餐时间比较短,这是没有办法的特殊情况。除此之外,如果吃饭速度太快,就会让人感觉不够高雅。反之，吃饭速度太慢，也会让周围的人在意。一般来说，吃饭速度要与周围的人保持一致，尤其要配合长辈或当天的主客，这样比较符合礼仪规范。

177
一次性筷子的使用方法

我经常会见到这样的惊讶反应："用一次性筷子还有礼仪讲究吗?!"为了不碰撞到其他人，最好将一次性筷子拿到身侧，像打开扇子一样安静地分开筷子。

178
在店里不要自己做筷子架

我经常能看到一些女士使用筷子的包装袋做一个精致的筷子架。如果店家没有准备筷子架，那我们可以认为这是一个允许搭筷子架的比较休闲的场所，但搭筷子架原本是不符合餐桌礼仪的。如果实在对搭筷子架比较抵触,那你可以把筷子的尖端放到筷子袋里。筷子袋的外侧绝对称不上干净,即便折成千纸鹤那样,也有卫生问题。

179
当别人给我们倒酒时

在别人往我们的酒盅里倒酒时,我们要用双手接酒杯。虽然啤酒不是本土饮品,但这种互相倒酒的文化已经渗透得很深。在别人给我们倒酒时,我们就应像接茶碗一样用双手接酒杯。

180
不能反手拿酒瓶

拿着啤酒瓶翻转右手倒酒的动作,乍一看好像比较熟练,但实际上会显得不够高雅,一定要注意。应该将身体朝向对方，将带有标签的正面朝上，右手放在瓶子的上部，左手扶着瓶子的下部，慢慢地倒酒。

181
给别人添啤酒时，要先和对方确认

有些人不喜欢让别人添啤酒。所以，当别人酒杯里还有一点啤酒时，一定要先问一句："给您添一些吗？"

182
反着拿筷子不卫生

从大盘子里夹菜时，很多人会反着拿筷子，可能是出于照顾别人的心，但实际上这是违反礼仪规范的。这样不卫生，用完后筷子也不好看。这时正确的做法应该是请店家拿一双公筷。

183
只给自己挤柠檬

有的人在吃火锅的时候喜欢抢先做安排,大家对这种做法认同吗?

最近大家经常提到一个"配炸鸡的柠檬汁"问题。如果是多个人一起吃,一定要先确认每一个人的喜好。什么也不问就给所有炸鸡淋上柠檬汁的话,可能会让人感觉"只是在表现自己"。

一定要时刻记住,对自己来说理所当然的事情,对其他人来说却未必如此,这种大局观是一定要有的。

184
吃完的东西要放在一起

在拜访别人家时,要尽可能简洁地收好吃完的点心包装袋。另外,喝完的杯子如果有好几个,也要收放在一处。

虽然都是一些小事，但是这种方便对方收拾的考虑，表达了"承蒙款待""非常好吃"的感谢之情，也能体现出你日常的生活方式。

185
盘子不要叠放在一起

有一些店家不喜欢客人把吃完的盘子叠放在一起。

作为顾客，这样做原本是出于好意，但将盘子叠放在一起，污垢会沾得到处都是，反而让人困扰。非常遗憾，这就是在帮倒忙。

尤其是有些店家使用的盘子很昂贵，叠放在一起可能会损坏盘子，或者破坏盘子上的漆，所以要避免做出这种行为。去朋友家做客时也是一样。

无论在哪里，不加考虑就把盘子叠放在一起的行为，很难让人感受到你生活得细致。

186
随手帮别人整理好鞋子

在脱鞋进屋的时候,能够随手帮别人整理好鞋子的女性非常有魅力,让人能够看出她在日常生活中也一定有这种习惯。

187
根据场合调整行为举止

并不是说任何时候都追求高级才是优雅。行为举止能够契合周围的气氛和不同的场合,才是真正优雅的人。

比如,在烤串店里要把食物先从串上撸下来再吃的人;在荞麦面店里绝对不发出声音,慢吞吞吃面的人;在高级西餐厅里喝汤时,发出"吸溜吸溜"的声音的人……他们都会让周围的人感到不舒服,与环境不协调。

有教养的人都有很稳定的内核,所以无论是什么样的场面,都能带着自信和从容去享受。希望大家也能通过本书找到自己的内核。

优雅的用餐方法

188
用餐时如果拿不准,就从左边开始

有时候,我们会不知道盘子中的菜从哪里下筷为好。这种时候倘若拿不准,记住就从左手边开始。西餐亦是如此。

189
吃面的时候不要中途咬断

荞麦面、乌冬面、拉面、长意面等面类食物,吃的时候都有一种不够雅致的行为,那就是把面条从中间咬断。

我们用筷子夹面条时，要考虑好这个分量是否能一口吃下。尤其长意面，要估算好用叉子卷起后的分量。

190
荞麦面的正确吃法

因为要感受荞麦本身的香味，所以第一口不要蘸料汁，之后吃的时候也只需沾三分之一的料汁。一口吃太多会显得不够雅致。喜欢荞麦面的人总是有自己的讲究和规则。

希望大家至少能够遵守一点，那就是在吃凉荞麦面的时候，要用筷子从顶部开始斜着夹。这样荞麦面整体不容易倒塌，更方便夹到适量的面条。同时要注意，夹起来的面条不要中途咬断，一定要一口吃完。无论如何，最重要的就是要考虑好夹的量。

191
烤串等串类食物的吃法

有一些女性会把串上的食物都摘下来再吃。乍一看这似乎是比较优雅的吃法，但这样一来，烤串的精髓就没有了。我认为直接用嘴撸串才是符合周围气氛的做法。

不过，吃到后面，越往下的食物越不容易咬下来。那一部分可以从串上撸下来再吃。如果还是想要直接咬着吃，那也可以用筷子把底部的食物推到上方来。

关键是既迎合这种比较休闲的店家的氛围和食物的种类，又保持自己的格调。

192
注意不要在食物上留下牙印

如果是整个咬着吃的汉堡、三明治、包子等食物，你会不会很在意咬一口后留在食物上的牙印呢？这可能是一个小细节，但如果能把一口的量分成两口去吃，就不会留下那么明显的牙印了。

193
汉堡比较优雅的吃法

汉堡本身就是一种比较休闲的食物，所以在某种程度上吃得狂放一点会更香。但是女性往往会比较在意姿态，不太愿意被人看到自己张大嘴巴。为了防止里面夹的食物掉出来，或是为了不弄脏客人的手，许多店家会在汉堡的外面包上一层纸袋。我们可以把上面的纸袋稍微展开一些，这样就能挡住嘴角，不用担心被人看到了。

如果是配有刀叉的大汉堡，把它切成两半之后再吃就会比较方便。

需要注意吃法的其他食物
- 比萨。

比萨本身就是比较休闲的食物，所以不用太在意优不优雅。如果有刀叉的话，就可以先切一下。如果比萨比较大，也可以折起来再吃，怎样都可以。

- 松饼。

松饼也是比较休闲的简餐。可以呈放射状去切，也可以从边缘开始切，切法比较随意。但是吃完之后，盘子一定要干净！

194
草莓蛋糕的优雅吃法

"上面的草莓什么时候可以吃？"这是我经常被问到的问题。虽然没有明确的规定，但如果第一口就吃草莓，便会显得有些孩子气。比较自然的吃法是从边缘开始，自然而然地吃到草莓。蛋糕的塑料围边可以用叉子取下来，这样显得比较优雅，但如果操作不便，用手拿掉也没有问题。

195
橘子的优雅吃法

橘子的皮和白筋要去到什么程度因人而异。但是,吃完之后应尽量让外皮保持整洁。剥下来的外皮最好合上。如果吃完后把蒂的部分露在上面,就会显得不美观。

196
脆饼要在袋子里掰开后再吃

有些东西的吃法虽然没有明确的礼仪规定,但怎样才能不弄得四处散落,吃得干干净净,很能体现一个人的生活态度。

对于独立包装的脆饼,可以先在包装袋里掰开,再放进嘴里,这样就不会四处散落;也可以迅速拿出一块手帕垫在膝盖上再吃。自然而然做到这些小细节的人,能展现出良好的教养和人品。

197
对边走边吃的看法

近年来,在一些受欢迎的景点、节日庙会等地方和场合,边走边吃的人越来越多,我也常常能听到一些因此而影响他人的事。当然,也有一些人会想"这就是让客人边走边吃的食物""大家都这么吃""在这种地方吃就是这样的形式",但是自小接受不能边走边吃教育长大的人对此还是会觉得不太舒服。

找一个长凳坐下吃,注意不撞到周围的人,充分考虑孩子的视线高度,自己带走吃剩下的食物残渣和垃圾,等等,通过这些细节就可以窥探一个人的成长环境和素质。

日料

198
在日式房间里不能光脚

如果事先知道要去日式房间,那就不要光着脚,而是按照礼仪规范穿好丝袜;也可以自带一双白袜子,在玄关处换上。

如果是突然被叫过去的,也可以在便利店买一双丝袜。准备好之后再去拜访,这份心意很重要。

如果有所担心,也可以提前确认好是西式餐桌还是日式餐桌,这样就不会慌乱了。事先确认着装要求也是成熟人士的修养体现。

如果事发突然,没有办法准备丝袜的话,也可以说:"今天我没穿袜子,光着脚去拜访有失礼数,所以……"能做到这种程度的人,更能让人感受到良好的教养。

199
穿方便穿脱的鞋子比较好

如果事先知道是日式房间,就尽可能不要穿脱下来比较费时的靴子等鞋子。如果在玄关磨磨蹭蹭的,就会让同行的人等待。

200
在比较高级的日料店,鞋子要交给对方处理

如果店里有专门负责整理鞋子的人,那么朝向店里脱下鞋后,直接交给对方处理即可。如果此时自己把鞋子收进鞋箱,就会给人一种不习惯这种服务的印象。可以对负责的人说一句"拜托了",这样更礼貌。

在包间里与在家中或拜访别人家时一样,榻榻米的边

缘和坐垫都是不能踩的。

201
在高级日料店需要注意的事项

- 为了不损坏涂漆的器皿,不要佩戴大戒指和手镯。
- 要特别注意香水、发胶、止汗剂、柔顺剂等的香味。
- 在日式房间还要考虑衣服的暴露程度。如果是无袖上衣,那么带上一件外披会更加安心。一些比较贴身或是比较短的裙子会给自己和他人都带来困扰,所以最好不要穿。

202
对气味保持敏感

吃日料要享受精致的香气。如果是带盖子的碗,那么你在打开的瞬间就会闻到一股高汤的香气。一些当季的蔬菜等佐料的香气也是日料的一大精髓。

在这样的空间里，理所当然地要避免使用香水这类香味较为强烈的物品。因为这会给周围的客人带来困扰，有些店甚至会拒绝接待这类客人。如果在使用香水的日子收到了吃日料的邀请，那就应当婉拒，这才是懂礼节、有教养的女性。近年来一些柔顺剂和止汗剂也有非常强的香味，社会上甚至出现了"嗅觉骚扰"这个词。哪怕是自己非常喜欢的香味，别人也不一定就会喜欢，还会影响用餐。希望大家对自己的气味更加敏感一些。

203
有教养的人不会不懂装懂

在餐厅装作内行，在一些高端的时装店装作老客，这些都是想要让自己看起来比实际更好导致的自卑心的体现。真正懂礼仪的人，面对不知道的事情或第一次接触的事情，都会坦率地告诉对方并且询问。

"这是什么菜啊？""这个应该怎么吃啊？"每当看到这种场景，我都会感叹，这真是一个有着良好教养和生存方式的人!

204
吃好带刺的鱼可以加分

有很多人表示自己不擅长吃带刺的烤鱼,所以在我的礼仪学校里,我会特意拜托厨师长做一些带刺的鱼和带骨的肉。(笑)

从上方的鱼肉开始吃,然后漂亮地拿下来中间的骨头,再吃完下面的鱼肉,这样做的人更能让人感受到良好的教养。如果能够把骨头放在一起并用餐巾纸盖上,就会更加分。

一般来说,吃鱼不要把鱼翻过来,并且应从左向右吃。
上面吃完之后,把中间的骨头放到盘子的角落,再吃下面的鱼肉。

205
了解拼盘类的食用顺序

在吃生鱼片拼盘或天妇罗拼盘时，你知道应该从哪个开始吃吗？

如果知道要遵循从淡口味到重口味，或者让摆在一起的食物不容易坍塌的顺序，那么吃的时候就不会有所犹豫了。

如果不了解食物的味道，那么一般来说从手边或从左边开始吃即可。事先了解这些常识，在遇到问题时就不用烦恼了。

206
关于米饭要注意的点

- 可以在米饭上面放小菜吗？

在一些比较高级的日料店里，是不可以把小咸菜等配菜放在米饭上一起吃的。

- 吃寿司的时候是用手还是用筷子？

都可以，但用手直接吃，更能体验到柔软的触感。

点单的时候先从口味淡的开始，然后再点口味重或是油脂比较厚的，这样吃更美味。

- 吃散寿司或盖饭类食物，可以转圈倒酱油吗？

吃散寿司时，如果从上往下倒酱油，那么下面的米饭也会沾上酱油，这样吃起来会不方便。把每种食物分别夹到小碟子里蘸酱油，然后和米饭一起吃会比较好。

207
如果一口吃不下，那么分几口吃也可以

如果是像竹笋这种比较大、用筷子不好夹断的食物，应该怎么吃呢？可能有人会觉得直接咬显得有点粗俗。但没关系，它是可以直接咬的。此时一定要注意的一点就是

咬剩下的食物不要放回盘子里，那样不好看，第二口直接吃掉比较好。

208
在日料店里，什么样的盘子可以用手拿

虽然对此没有明确的规定，但大致的标准是不超过自己手掌大小的。根据盘子或碗的重量和大小，自行思考能不能拿也是教养的体现。很多人认为礼仪规范的正确答案只有一个，对此我感到非常遗憾，我觉得首先磨炼自己的感觉是很重要的。能够根据自己的标准来判断的人，才是真正有教养的人。

209
用手接菜绝对称不上高雅

有非常多的人误以为用手接菜是高雅的行为。用手接

菜指的就是将菜送到嘴里的时候用手在下面接着的动作。这样做实际上是违反礼仪规范的。

从拿不起来的大盘子中夹菜的时候，不要用手去接，应使用接碟等小碟子。如果是有盖的盘子，也可以把盖当作接碟来使用。

餐厅

210
不带过大的行李

一些装着电脑或是文件的工作用大托特包,并不适合带进非日常场合的高级餐厅。大包或是行李、手提箱和手推车等一定要先寄存起来。

但是,女性也不能空手。

我们不知道什么时候、谁会邀请我们共进晚餐,为了应对突如其来的邀请,要时刻带一款轻便小巧的手拿包,这样会让自己更加安心。

211
饭后才可以离席

在餐厅吃饭期间不能离席,这一点是基本礼仪,至少在上甜点之前不能离席。很多法式餐厅会提供擦手巾,但在国外,餐厅基本上不会提供。考虑到这一点,我们最好是在入座之前先去趟卫生间。

212
拍照时要说一声

餐厅越高档,对拍照录像的敏感度也越高。在拍摄菜品之前,一定要先询问是否可以拍照。如果能再加上一句"不会拍到其他客人"就更好了。另外,也不能使用闪光灯。事先下载好没有快门声音的软件会让人更安心。应快速拍完照,趁热享用美食。另外,在上传到社交软件时,一定要仔细确认没有拍到其他客人。

213
为什么在餐厅里手要放到桌子上?

大家可能不太了解,在欧洲,坐到座位上后,手一定要放到桌子上。从历史来看,这是为了表明自己并没有携带武器。如果把手规规矩矩地放在膝盖上,就会显得聊天不热络,请一定要注意。将手轻轻交握,放在桌子上,整体会显得更优雅。

214
刀叉的拿法

在餐桌礼仪的讲座中,我发现很多人在基本的西餐刀叉拿法上都有问题,其中犯得最多的错误就是双手的食指离开刀叉,向两侧翘起。如果拿法不正确,就用不上力,动作也不会好看。不同的餐具,食指的摆放位置也不同。

为了更容易操作,有些餐具还会在双手食指放置的位置设置一处凹陷。

如果知道这个位置，就可以使用最小的力操作刀叉。

礼仪书籍中不会讲解得那么详细，因为这是尚未上升到礼仪规范层面的问题。

但是，食指的摆放位置可以体现出你的生活习惯和教养。

215
刀叉的放法

放餐刀的时候，刀刃一定要朝向内侧。在欧洲，把刀刃朝向外侧是极为失礼的行为。另外，用餐完毕时，餐叉要朝上放，这些都是最基础的礼仪。然而，出乎意料的是，很多人并不了解这些基本规范。请大家一定要掌握好基础的礼仪。

刀叉碰撞盘子发出吱吱声，拿着刀叉做手势，更是不可取的行为。

用餐完毕时，刀叉要放在盘子的3点至6点的位置上，餐叉要朝上放,并且要注意餐刀的朝向。刀叉不要分得太开,这样会显得更优雅。

216
需要了解拿餐具的禁忌

- 将餐叉从左手换到右手。
- 餐刀切食物时发出吱吱的声音。
- 把餐具放在菜上。
- 自己捡掉落的餐具。
- 拿着餐具使用餐巾。
- 拿着餐具做手势。
- 把餐刀放在盘子上时,刀刃朝外。

217
用餐叉吃米饭时

曾经有一段时间,主流的做法是将米饭放在餐叉背上来吃。但是,把米饭放到餐叉背上本身并不好看,而且吃起来也不方便。如今一般是放到餐叉的凹面上吃。把餐叉从左手换到右手,也是不被正规的礼仪规范允许的,所以我们可用右手的餐刀辅助餐叉来吃米饭。在欧美餐厅中,原本就鲜有米饭。

218
面包什么时候吃?

一般来说,面包很早就会被拿上来,虽然主菜还没上,但只要面包拿上来了就可以吃。只是在主菜之前吃太多面包会显得比较孩子气。为了更好地享受套餐,还是应该控制食量。

另外，在一些比较高级的餐厅，不能用面包蘸菜品的酱汁。如果是在小餐馆之类的比较休闲的餐厅，那就没有问题。

219
正确的红酒倒法

用手扶着红酒杯或许会给人一种礼貌之感，然而红酒与日本酒、啤酒不同，不能用手拿起红酒杯，甚至碰都不能碰。这是极为基础的知识，倘若连这都不知晓，就会给人一种并不熟悉此类高级餐厅的印象。

220
拒绝红酒续杯的时候，用手轻扶

用手轻扶红酒杯的边缘来表示已经喝好了，不需要继续加酒了，是非常高雅的举止。

221
对声音敏感

在欧美国家的用餐礼仪中,发出声音是最大的禁忌。吸食、大声咀嚼更是不好的行为。使用餐具或放下杯子时,如果不小心发出了大的声响,就要说一句"非常抱歉"。

222
餐巾的使用方法

铺开餐巾的时间点应该是点完菜,餐前饮品送过来的时候。

关于铺开方式有很多种说法,主流的做法是对折后将带折叠线的一侧放到自己身前。如果餐巾从膝盖上滑落掉到地上,一定不要自己去捡,而是要喊店里的服务人员,他们会拿新的过来。

223
菜有剩余的时候

如果有自己不喜欢的食物，或是肚子吃饱了，菜剩下的时候，要把剩下的食物整理到盘子上。另外，要告诉服务人员"菜非常好吃，只是我已经吃饱了"。

如果是在日料店，用餐巾纸把剩菜盖上会显得更加好看，这也是对来撤菜的服务人员的一种关照。

224
喊服务员时要用眼神示意

在一些比较正式的高级餐厅里，如果大声喊服务员或举手喊服务员，都会显得没有格调。用眼神示意或稍微抬一下手，会更符合周围的气氛。

225
别人帮忙穿大衣时，我们的手要从下面伸出来

在穿大衣时要注意，不要有太大的动作。如果举起胳膊穿，就会显得比较男性化。手腕朝下，动作幅度控制得小一点，就会显得更有格调、更高雅。在衣帽间里，别人帮我们穿衣时，手要从下面伸出来。如果把手抬高穿袖子的话，就会给人一种不太习惯别人帮忙穿衣的印象。

226
使用银行卡结账

请客吃饭的时候，对方若知道了结账金额，难免会多想，所以趁对方去卫生间的时候结账会更利落。借口去卫生间，先行结账也是可以的。

AA制的时候，不要在桌上直接拿出现金，用信用卡结账会更好。先由一个人来结账，算钱的后续事宜等到离开

店以后再进行。

227
成熟女性能悠闲地享用甜点和聊天

越是高级的餐厅,越不会催促顾客。他们更注重让客人愉快地享受甜点和聊天的乐趣。饭后的余韵也是非常重要的。

但是,考虑餐厅的规则和餐厅的客人数量也很重要。如果是比较注重翻台率的餐厅,或者有其他客人在等桌,这时候就不要停留太长时间。让我们根据情况综合判断吧!

228
在吃自助餐时,帮别人拿餐是违反礼仪规范的

吃自助餐的礼仪规范就是只拿自己吃的食物。"帮我也拿一份""我去帮你拿啊"是不可以的。当然,同席的人中

有年长或是特殊情况的人则是特例。

另外，如果是在商务场合，根据公司的习惯和与上级之间的关系，帮上级拿餐也是可以的。让我们根据不同的状况来行动吧。

229
先拿甜品有失格调

在开始吃自助餐时直接去拿主菜或甜品，会显得有些粗俗。吃自助餐也需要像吃套餐那样按照顺序取餐。盘子装得满满的也会显得没什么教养。一般来说，只拿三四样菜品，有意在盘子中保留一些空白，会显得更高雅。

在冠婚丧祭的场合，无须做什么特别的事情。

能依据不同的场合做出相应的行为举止，才能体现良好的教养。

只要知晓正确的礼仪规范，无论何时都能充满自信地应对。

有常识的成熟人士的行为举止

☑ 了解正确的规则

☐ 迎合随着时代而变化的礼仪规范

☐ 不拘泥于规则，能够随机应变

☐ 了解人际交往的重要性

第九章

典礼

庆典

230
在正式场合毫不犹豫地穿着奢华的服饰

在参加结婚典礼,或是出席某些其他庆典时,最好能够在保持自身格调的同时穿着一些华丽的服装。在婚礼上不能打扮得盖过新娘,这是礼仪常识。但是作为邀请方,也会有"想要让会场更奢华""想让大家知道自己有很多优秀的朋友"的心态。所以作为被邀请的一方,我们要知道自己还有一个使命,那就是给宴会增添华丽感。

是什么样的聚会?追求的是什么?能够准确地觉察到这些,才能体现一个人生存至今所积攒的品位和感性。

231
掌握着装感觉

在一些和领导一起出席的正式场合或是庆典上，穿戴一些最新的流行服饰是不合适的。反之，在一些比较时尚奢华的场合穿得过于传统也会让人感觉土气。

流行与传统，哪种比较适合？能够全面考虑会场的等级、氛围、参加者和自身的情况再进行装扮的女性，会让人不禁佩服。

参加婚礼的时候要怎么办呢?

232
去参加婚礼后,就不用送结婚礼物了吗?

如果在婚礼或婚宴上已经送过贺礼,那就不需要另外送了。但如果是好朋友或亲戚等比较亲近的关系,那么在拜访对方新家时也要送上贺礼。

233
婚宴的名帖和菜单应该带回去吗?

有人问过我这样的问题:"婚宴的名帖和菜单如果不带

回去，会违反礼仪规范吗？"其实，这个问题的答案是"随意"。有些名帖是新人夫妻共同设计的，被受邀参加婚礼的人作为纪念品带回去，新人可能会比较高兴。

守夜或出席葬礼时要怎么做呢?

234
收到不太熟悉的朋友的讣告后,应该出席哪一环节?

守夜仪式本是以亲戚为主的,普通朋友出席告别仪式就好。但是近年来,我感觉只参加守夜的人变得越来越多了。

如果不知道参加哪个环节比较好,便可以参考当地的习俗,所以最好是和周围的人商量一下。无论参加哪个环节,表达对已故之人的哀悼是最重要的。

另外,越来越多的人选择只举办一个以家人为主的家族葬礼。如果不是受亡者的家人邀请,就尽量不要出席,或者参加之后再举办的追悼会。

235
守夜要穿丧服

以前为了体现自己是急忙赶过来的,大家一般是穿着常服去参加守夜的。但是现在,守夜一般是发出通知后过一段时间再办,因此就有了准备的时间,几乎没有人会再穿着常服参加了,穿着丧服会更自然。

236
注意美甲

口红、眼影、腮红都涂得比较淡,但佩戴了艳色的美甲,你有没有过这样的失败经历呢?一定要把美甲卸掉再出席。如果是涂了甲油胶,没办法立刻卸掉的情况,准备一副在丧葬仪式上使用的黑手套就会让人安心很多。

237
按照礼仪，守夜的餐食哪怕只吃一口也一定要吃

守夜烧完香之后，遗属一方会准备餐食招待客人。这是一种对僧侣和前来悼念的客人表达谢意，同时怀念故人的方式。这顿饭还有一层含义，就是与已故之人共进的最后一餐。所以，哪怕时间再短，也要象征性地吃一口，这是礼仪。喝酒也是如此，但这并不是常规饮酒的场合，只需象征性地抿一口即可。

238
出席葬礼要低调

有时候，我们在葬礼上会遇见一些许久未见的人，可能一不注意就会露出笑脸，开始聊天，但这是非常失礼、让人非常尴尬的行为。一定要分清场合，保持克制。

结　语

教养就是一个人迄今为止的生存方式、生存态度、生存美学

非常感谢您读完这本书。

教养可以后天习得，教养能被改变。

我的这个想法传达给大家了吗？

我从事礼仪讲师这一职业的过程中，经常会有人说："我想要知道最正确的礼仪。""老师，这个违反了礼仪规范吗？""请告诉我正确的做法。"大家都想要一个明确的答案，都想知道是白还是黑，是对还是错。

礼仪、礼节、礼法、礼貌，实际上这些并没有一个明确的规则分界线。所以在本书中，除了教授一些明确的礼仪规范，我还记录了很多分界线比较暧昧的行为。这些行为虽称不上礼仪规范，或是尚未上升到礼仪规范层面，却能够让人心情舒适。

是的，我们的日常生活中充满了这些微妙且暧昧的事物。

并且，大多数能够体现教养的时刻，都是在这些微妙且暧昧的场合。

如何做到由内而外散发出"良好的教养"

致阅读本书并想要掌握礼仪规范的广大读者：我来告诉大家我最看重的东西吧！

实际上，在我的学校中，无论是相亲、入学考核还是商务场合，最后成功或合格的人，他们的共同点都是坦诚。

他们从不找做不到的理由、不做的借口，也不会说"但是……"。他们总是很坦然地接受，然后付诸行动。这些坦诚的学生，他们的人生都有了非常大的好转。在我的讲师生涯中，所有合格的学生都是如此。

首先，请尝试坦诚待人吧，这样做不仅能让你身边的人感到更舒适，就连你自己也会得到一种更清爽的感觉。如果在今后的人生中，你能一直感受到这种清爽，那将会多么美妙啊！

从今天开始，通过不断打造坚实的教养基础，你的人生舞台也会不断提升，惊喜会一个接一个地出现。

我也会从心底祝福、祈祷大家的变化。

教养可以改变，教养能够改变。

最后，我要向为本书发行提供了诸多帮助的钻石社的长久先生、编辑圆谷先生，在制作中给我提供许多帮助的末武先生、山崎先生，以及其他所有参与本书制作的人，表示由衷的感谢！

诹内江美

作者简介

诹内江美

礼仪学校（emi sunai）

名校亲子礼仪教室　代表

曾经为包括皇室和政经界在内的 VIP 人员进行礼仪指导，之后成立"礼仪学校（emi sunai）"。举办过"让人眼前一亮的言谈举止""让人还想和你见面的说话术""东西方餐桌礼仪""人际交往课堂"等许多大受欢迎的讲座。其中，让知名幼儿园和小学的第一志愿合格率达到 95% 的"名校亲子礼仪教室"，因为能够让人"言谈举止中都透露出良好的教养"而备受关注。

曾参与日本电视台《全世界最想上的课》、富士电视台

《真的假的?!TV》、NHK《早安都市》等人气电视节目录制，还多次出演广播、杂志等媒体热门栏目。此外，为电影和电视剧的女演员进行的礼仪指导，以及对企业领导者和政治家进行的媒体应对训练都广受好评。

著作有《有教养的人才知道的事》《不懂就会吃亏的男性礼仪》《有教养的孩子》《世界第一优雅的礼仪》等。

"这种时候,有教养的人会怎么处理呢?"

- 你知道正确的脱鞋方法吗?
- "哪个都行"是错误地为他人着想的方式。
- 如何优雅地提出"还钱"?
- 巧妙躲避对方打探的方法。
- 被夸奖的时候,怎么回复才得体?
- 在电梯里就可以看出一个人是否有"良好的教养"。
- 意外状况发生时,有能力的女性会说"没事的"而不是"没事吧?!"。

"SODACHI GA II HITO" DAKEGA SHITTEIRU KOTO
by Emi Sunai
Copyright © 2020 Emi Sunai
Simplified Chinese translation copyright ©2025 by China South Booky Culture Media Co., Ltd.
All rights reserved.
Original Japanese language edition published by Diamond, Inc.
Simplified Chinese translation rights arranged with Diamond, Inc.
through BARDON CHINESE CREATIVE AGENCY LIMITED.

© 中南博集天卷文化传媒有限公司。本书版权受法律保护。未经权利人许可，任何人不得以任何方式使用本书包括正文、插图、封面、版式等任何部分内容，违者将受到法律制裁。

著作权合同登记号：字 18-2024-302

图书在版编目（CIP）数据

优雅永不过时 /（日）诹内江美著；朱悦玮译．
长沙：湖南文艺出版社，2025.1. -- ISBN 978-7-5726-2170-3

I. B825-49
中国国家版本馆 CIP 数据核字第 2024GS3826 号

上架建议：社交礼仪

YOUYA YONG BU GUOSHI
优雅永不过时

著　　者：[日] 诹内江美
译　　者：朱悦玮
出 版 人：陈新文
责任编辑：吕苗莉
监　　制：邢越超
特约策划：李齐章
特约编辑：刘　静
版权支持：金　哲
营销支持：周　茜
封面设计：主语设计
封面插图：Z-zhou
内文排版：百朗文化
出　　版：湖南文艺出版社
　　　　　（长沙市雨花区东二环一段 508 号　邮编：410014）
网　　址：www.hnwy.net
印　　刷：北京中科印刷有限公司
经　　销：新华书店
开　　本：775 mm × 1120 mm　1/32
字　　数：120 千字
印　　张：7.5
版　　次：2025 年 1 月第 1 版
印　　次：2025 年 1 月第 1 次印刷
书　　号：ISBN 978-7-5726-2170-3
定　　价：48.00 元

若有质量问题，请致电质量监督电话：010-59096394
团购电话：010-59320018